丛书主编 金雅

中华人生论美学经典悦读书系

丰子恺真率人生论美学文萃

本卷原著 丰子恺

本卷选鉴 余连祥

郑玉明

李梅

中国文联出版社

http://www.clapnet.cn

图书在版编目（CIP）数据

丰子恺真率人生论美学文萃 / 金雅主编 . — 北京：
中国文联出版社，2017.9
（中华人生论美学经典悦读书系）
ISBN 978-7-5190-2821-3

Ⅰ.①丰… Ⅱ.①金… Ⅲ.①丰子恺（1898-1975）
- 美学思想 - 文集 Ⅳ.B83-092

中国版本图书馆 CIP 数据核字（2017）第 227497 号

丰子恺真率人生论美学文萃

作　　者：金　雅

出 版 人：朱　庆
终 审 人：朱彦玲　　　　　　　　　复 审 人：王　军
责任编辑：刘　旭　　　　　　　　　责任校对：傅泉泽
封面设计：孙　璐　卜凌冰　　　　　责任印制：陈　晨

出版发行：中国文联出版社
地　　址：北京市朝阳区农展馆南里 10 号，100125
电　　话：010-85923043（咨询）85923000（编务）85923020（邮购）
传　　真：010-85923000（总编室），010-85923020（发行部）
网　　址：http://www.clapnet.cn　　http://www.claplus.cn
E－m a i l：clap@clapnet.cn　　liux@clapnet.cn

印　　刷：廊坊市海涛印刷有限公司
装　　订：廊坊市海涛印刷有限公司
法律顾问：北京天驰君泰律师事务所徐波律师
本书如有破损、缺页、装订错误，请与本社联系调换

开　　本：710×1000　　　　　　　　1/16
字　　数：218 千字　　　　　　　　印　　张：14.25
版　　次：2018 年 2 月第 1 版　　　印　　次：2018 年 2 月第 1 次印刷
书　　号：ISBN 978-7-5190-2821-3
定　　价：48.00 元

目录

导读　人生论美学与中华美学精神 　　　…… 金雅　1

从梅花说到美 …… 1
从梅花说到艺术 …… 8
美与同情 …… 14
新艺术 …… 18
艺术三昧 …… 21
艺术鉴赏的态度 …… 24
艺术的效果 …… 27
艺术教育的原理 …… 33
桂林艺术讲话之一 …… 38
桂林艺术讲话之二 …… 42
桂林艺术讲话之三 …… 46
关于学校中的艺术科——读《教育艺术论》 …… 51
剪网 …… 60
童心的培养 …… 63
精神的粮食 …… 70
视觉的粮食 …… 72
暂时脱离尘世 …… 81
绘画之用 …… 83
音乐之用 …… 86
儿童与音乐 …… 91

艺术与人生 ······ 94

图画与人生 ······ 101

音乐与人生 ······ 107

为什么学图画 ······ 110

中国画的特色——画中有诗 ······ 114

漫画艺术的欣赏 ······ 128

赤栏桥外柳千条 ······ 135

山中避雨 ······ 139

我与弘一法师 ······ 142

先器识而后文艺——李叔同先生的文艺观 ······ 146

东西洋的工艺 ······ 150

玻璃建筑 ······ 157

深入民间的艺术 ······ 161

艺术与革命 ······ 169

艺术的眼光 ······ 172

艺术与艺术家 ······ 180

工艺实用品与美感 ······ 184

漫画创作二十年 ······ 193

《读〈缘缘堂随笔〉》读后感 ······ 198

谈自己的画 ······ 203

平凡 ······ 211

目
录

导读　人生论美学与中华美学精神

金　雅

一

中华文化和哲学具有浓郁的人生精神，关注现实，关怀生存，关爱生命。相比于西方文化的认识论和科学论的主导地位，中华文化和哲学的根底就是人生论的。这种源远流长的深厚传统，也深刻影响了中华美学的情趣韵致。如果说西方美学自古希腊以来就叩问"何为美"的问题，即关注美自身的本体性问题；那么中华美学自先秦以来就叩问"美何为"的问题，即关注美对于人的功用性和价值性问题。

中华古典美学有着丰富的人生美学思想和人生审美情韵，但没有自觉系统的理论建构。20世纪上半叶，梁启超、朱光潜、宗白华、丰子恺等在内的一批中国现代美学（育）家，可以说是人生论美学思想最早的倡导者。

人生论美学的核心命题是审美艺术人生的关系问题、真善美的关系问题、物我有无出入的关系问题。中国古典美学非常重视美善的关联，涵育了"大美不言"、"尽善尽美"等思想学说，着重从人与自然、与他人的关系视阈，阐发美的伦理尺度。中国现代美学既传承了民族美学的精神，也吸纳了西方美学的滋养，将美善的两维关联拓展到真善美的三维关联。中国现代美学诸大家，包括本丛书所选四家，都是主张真善美的贯通的。即不崇尚西方现代理论美学所崇扬的粹美或唯美，而是崇扬真善美贯通之大美。真善美贯通的大美观，奠定了中华美学的基本美论品格，这也是人生论美学的核心理论基石。这种美论，引领审美逸出自身的小天地，广涵艺术、自然、人生，要求审美主体超越一己的小情和生活的常情，追求诗性之美情，彰显了以远功利而入世的诗性超越旨趣为内核的、既执着深沉又高旷超逸的独特的民族美学精神。

本丛书所选诸文，既是人生论美学的思想经典，又是雅俗共赏的哲诗感悟，既可触可思，亦可品可鉴。好多文章不仅观点深邃精到，且美情蕴溢，美趣横生，文字生动，开合恣肆，没有那种高头讲章板着面孔说话的呆板情状。

二

"趣味"是梁启超美学精神的精髓。梁启超认为，趣味是内发情感和外受环境的"交媾"，是个体、众生、自然、宇宙的"迸合"，也是蕴溢"春意"的"美境"。他说："问人类生活于什么？我便一点不迟疑答道：'生活于趣味'"；"假如有人问我：'你信仰的什么主义？'我便答道：'我信仰的是趣味主义？'有人问我：'你的人生观拿什么做根柢？'我便答道：'拿趣味做根柢？'"；"倘若用化学化分'梁启超'这件东西，把里头所含一种元素名叫'趣味'的抽出来，只怕所剩下仅有个'O'了"。梁启超主张"凡人必常常生活于趣味之中，生活才有价值"。他突破了中西美学和艺术思想中将趣味仅仅作为艺术范畴或审美范畴的界定，而拓展为一种广义的生命意趣，倡扬以趣味来创化和观审自然、艺术、人。他以"'知不可而为'主义"与"'为而不有'主义""'无所为而为'主义""生活的艺术化""美术人"等范畴和命题，来阐发趣味之境和趣味之人。他提出"人类固然不能个个都做供给美术的'美术家'，然而不可不个个都做享用美术的'美术人'"。这个"美术人"，实际上就是趣味的人。梁启超的趣味在根底上就是一种不执成败不计得失的不有之为的纯粹生命实践精神，也是一种内蕴责任、从心畅意、不着功利、超逸自在的人生论美学精神。趣味的实现，在梁启超这里，也就是一种生命的自由舒展，是知情意的和谐，是真善美的贯通，是美情的创化，也是创造与欣赏的统一。

梁启超和王国维、蔡元培并称中国现代美学三大开拓者和奠基人。梁启超的美学以趣味为核心范畴，他也是趣味精神的倡导者和力行者。他的人生可以说是践履趣味精神的活生生的典范。他自己说，每天除了睡觉外，没有一分钟一秒钟不是积极的活动，不仅不觉得疲倦，还总是津津有味，兴会淋漓，顺利成功时有乐趣，曲折层累时也有乐趣，问学教人时有乐趣，写字种花时亦有乐趣。他总结自己的趣味哲学，就是"得做且做"，活泼愉快；而不是"得过且过"，烦闷苦痛。

梁启超的夫人卧病半年，他日日陪伴床榻，一面是"病人的呻吟"和"儿女的涕泪"，一面则择空集古诗词佳句，竟成二三百幅对联。他又让友人亲朋依自己所好拣择，再书之以赠。

梁启超的儿女个个成才，一门出了三个院士。他可以说是天底下最懂得也最擅长子女教育的父亲了，他贯彻的就是趣味教育的准则。他称呼孩子们"达达""忠忠""老白鼻""小宝贝庄庄""宝贝思顺"，算得上 20 世纪初年的萌父了。他的家书亲情浓挚，生动活泼，睿智机趣，境界高洁。如他 1927 年 2 月 16 日写给孩子们的信，就回答了长子思成提出的有用无用的问题，既指出只要人人发挥其长贡献于社会即为有用，又指出用有大用和小用之别，最后强调要"莫问收获，但问耕耘"，实质上就是阐发了他所倡扬的趣味精神。对于孩子们的学业，梁启超既主张学有专精，又不赞成太过单调，鼓励子女在所学专业之外学点文学和人文学。生物学是当时新兴的学科，梁启超希望次女思庄修学此科，但思庄自己喜欢图书馆学，梁启超最终还是尊重了思庄自己的趣好。

1926 年 3 月，梁启超因便血入协和医院诊治，主刀医生竟将左右侧弄错，把右侧好肾切除了。梁启超术后不见好转，友人、学生、家人纷纷要问责协和医院，他自己却豁达处之，不仅写信劝解孩子们，还撰文《我的病和协和医院》发表在《晨报副镌》上，替协和辩解，主张还是要支持西医的引进。这样的气度，没有一些趣味的精神，恐难致达。

中国文论讲"文如其人""言为心声"，梁启超的美学文章也是他整个生命神韵和人格精神的生动写照。他以趣味言美，对艺对人，无不以此为赏。他独具只眼，誉杜甫为"情圣"，认为他的美在于"热肠"和"同情"；陶渊明的美并非追求"隐逸"，而在崇尚"自然"。而论屈原，梁启超赞赏他的美就在"All or nothing"的决绝。他批评中国女性文学，"大半以'多愁多病'为美人模范"，不无幽默地宣称"往后文学家描写女性，最要紧先把美人的健康恢复才好"。

梁启超的趣味范畴，突破了囿于审美论或艺术论的单一视域，而将审美、艺术、人生相涵融。梁启超的趣味范畴，在20世纪上半叶产生了重要的影响，朱光潜、丰子恺的美学文章中都有大量运用。作为人生论美学的重要范畴之一，趣味在中华美学精神的传承创化中不容忽视，尤其是这一范畴对情的核心作用的肯定和对美情创化的弘扬，更是彰显了中华美学独特的美论取向和美趣神韵。

三

朱光潜美学思想的核心范畴是"情趣"。他说，"艺术是情趣的活动，艺术的生活也就是情趣丰富的生活"；"所谓人生的艺术化就是人生的情趣化"。

朱光潜的情趣范畴直接受到了梁启超趣味范畴的影响。梁朱渊源颇深。这一点，朱光潜自己多有表述。他曾谈到，自己在"私塾里就酷爱梁启超的《饮冰室文集》，此书对他"启示一个新天地"；"此后有好多年"，自己是"梁任公先生的热烈的崇拜者"；而且，"就从饮冰室的启示"，"开始对于小说戏剧发生兴趣"。20世纪20年代初，梁启超以"无所为而为主义"亦即不有之为的精神来阐发趣味的范畴，并认为这种主义也就是"生活的艺术化"。30年代初，朱光潜在《谈美》中集中阐发了情趣的范畴和"人生的艺术化"的命题，认为科学活动（真）、伦理活动（善）、审美活动（美）在最高的层面上是统一的，都是"无所为而为的玩索"，是创造与欣赏、看戏与演戏的统一。朱光潜和梁启超之间既有明显的相通之点，但朱光潜也有自己的发展和特点。如果说，梁启超更重审美人生的伦理品格，强调提情为趣；朱光潜则更重审美人生的艺术情致，重视化情为趣。也可以说，梁启超的"趣味"精神更具崇高之美质，朱光潜的"情趣"精神则更著静柔之旷逸。梁启超是把"无为"转化为不有之"进合"，朱光潜是把"无为"转化为去俗之"玩索"。

朱光潜的《给青年的十二封信》《谈美》《文艺心理学》《诗论》等著作，流播甚广，迄今都是学习美学的入门书。他的文章文字流畅，说理通透，通俗易懂。1925-1933年，朱光潜留学欧洲，在英法等国学习，先后取得硕士和博士学位。他的《谈美》《文艺心理学》《诗论》等初稿，都在欧洲期间完成。朱自清认为最能代表朱光潜美学特色的是"人生的艺术化"思想。朱自清在《〈谈美〉序》中说："人生的艺术化"是"孟实先生自己最重要的理论。他分人生为广狭两义：艺术虽与'实际人生'有距离，与'整个人生'却并无隔阂；'因为艺术是情趣的表现，而情趣的根源就在人生'"，"孟实先生引读者由艺术走入人生，又将人生纳入艺术之中"，"这样真善美便成了三位一体了"。

朱光潜一生致力于美学的研究和译介，希望将美感的态度推到人生世相，秉承"以出世的精神，做入世的事业"。1924年，从港大回来的朱光潜，到春晖中学任教，他结识了一批性情相投的好友，尤其欣赏"无世故气，亦无矜持气"的丰子恺和"虽严肃，却不古板不干枯"的朱自清。十年浩劫中，朱光潜被抄家、挨批斗、关牛棚，但他在困境中仍孜孜问学，雅逸洒脱，践行了他自己以情趣为宗旨的人生信条。

朱光潜的《西方美学史》写得平易晓畅，迄今仍是中国人了解学习西方美学最为经典的著作之一，但他最具影响、流播最广的美学著作则首推《谈美》。《谈美》写于1932年，被称为《给青年的十二封信》之后的"第十三封信"，也被称为通俗版的"文艺心理学"。实际上，《谈美》就是把审美、艺术、人生串联起来，它的核心宗旨就是让当时的青年，以艺术的精神求人生的美化，即追求"人生的艺术化"。《谈美》正文共15篇，第一篇以人与古松的关系为例，分析了实用的、科学的、美感的三种态度，提出了何为美感的问题。接着逐篇切入艺术和审美中的各种具体问题，如距离、移情、快感、联想、想象、灵感、模仿、游戏等，最后终篇为"人生的艺术化"，朱光潜将此命题总结阐发为"慢慢走，欣赏啊"的诗意情趣。这篇文笔优美的美学文章，写得深入浅出，机趣灵动，体现了作者很好的美学修养和高逸的品格胸怀，广为读者喜爱。也正是因为这篇美文,"人生的艺术化"逐渐定型为20世纪三、四十年代中国美学、艺术、文化思想中一个重要的理论命题,产生了广泛的影响。

四

宗白华的美学是中国现代美学"哲诗"精神的典范之一。他的美学文章,既是轻松自在的精神散步,又内蕴温暖深沉的诗情哲韵。

朱光潜和宗白华并称中国现代美学的"双峰"。两位大师同年生同年逝,同沐古皖自然人文,同留学欧洲学习哲学和美学,晚年亦同在北京大学任教。他们都学问冠绝,质朴无华,真情真性。20世纪50年代,在北京生活的宗白华常常挎着一个装干粮的挎包,拿着一根竹手杖,挤公共汽车去听戏看展,有时夜深了没有回程车了,他便悠然步行回家。宗白华家里有一尊青玉佛头,他非常喜欢,置于案头,经常把玩,伴其一生。抗战中宗白华曾离家避难,仓促中不忘将佛头先埋入园中枣树下。佛头低眉瞑目,秀美慈祥,朋友们认为宗白华也有神似之韵,戏称之"佛头宗"。宗白华才华横溢,年少成名,20世纪30年代就是中央大学的名教授,当时学术界举足轻重的人物了。但他从不恃才傲物,计较名利。50年代调到北京大学后,学校给他评了个三级教授,而他的学生都评上二级教授了。宗白华则风神洒脱,坦然处之。

宗白华的美学深味生命之诗情律动。他叩问"小己"和"宇宙"的关系,探研"小我"和"人类"情绪颤动的协和整饬。他提出了一个重要的范畴——生命情调。生命情调在他看来,就是个体生命和宇宙生命的核心,是"至动而有条理""至动而有韵律"的矛盾和谐,是刚健清明、深邃幽旷的"生命在和谐的形式中",既"是极度的紧张",也"回旋着力量,满而不溢"。

宗白华的美学从艺术关照生命与宇宙,把四时万物、自然天地融通为一,意在提携"全世界的生命","得其环中"而"超以象外",能空、能舍,能深、能实,"深入生命节奏的核心",直抵生命的本原和宇宙的真体,超入美境,"给人生以'深度'"。亦正因此,宗白华自豪地说:"我们任何一种生活都可以过,因为我们可以由自己给予它深沉永久的意义。"

《歌德之人生启示》作于 1932 年。文章开篇，宗白华就提出了"人生是什么？人生的真相如何？人生的意义何在？人生的目的是何？"这四个"人生最重大、最中心"的问题。全文以歌德的人生为例，作出了生动深刻的诠释。歌德是宗白华最为推崇的伟大诗人之一，文章内蕴热烈激越的情感，又化绚烂为平静，引动象入秩序，文与诗交错，极富美意哲韵。

在早年作品《青年烦闷的解救法》《新人生观问题的我见》中，宗白华就明确提出了"艺术的人生观"的问题，倡导"艺术的人生态度"和大众艺术教育。他的名篇《中国文化的美丽精神往哪里去》《唐人诗歌中所表现的民族精神》《论〈世说新语〉和晋人的美》等，均将审美、艺术、人生相关联。《唐人诗歌中所表现的民族精神》认为文学是民族精神的象征，唐人诗歌体现的正是中华民族铿锵慷慨的民族自信力。《论〈世说新语〉和晋人的美》论析了晋人简约玄澹、超然绝俗的人格个性和美感神韵。《中国文化的美丽精神往哪里去》则指出中国哲人本能地找到了事物的旋律的秘密，即宇宙生生不已的节奏，而端庄流利的艺术就是其象征物，也是我们和生命、和宇宙对话的具体通道。宗白华在此文中说，在"生存竞争剧烈的时代"，我们的"灵魂粗野了，卑鄙了，怯懦了"，"我们丧尽了生活里旋律的美（盲动而无秩序）、音乐的境界（人与人之间充满了猜忌、斗争）"，"这就是说没有了国魂，没有了构成生命意义、文化意义的高等价值"。他惆怅而尖锐地叩问"中国精神应该往哪里去"？

《中国艺术意境之诞生》是宗白华美学思想最为重要的代表作品之一。该文首次发表于 1943 年，1944 年发表增订稿。他在引言中说："历史上向前一步的进展，往往地伴着向后一步的探本穷源"；"现代的中国站在历史的转折点。新的局面必将展开"。在此文中，宗白华指出中国艺术是中国文化最中心最有世界贡献的方面，而意境恰是中国心灵的幽情壮采的表征。研寻意境的特构，正是中国文化的一种自省。他认为，艺术意境从主观感相的模写，活跃生命的传达，到最高灵境的启示，是一个境界层深的创构，也是人类最高心灵的具体化、肉身化。艺术诗心映射着天地诗心，艺术表演着宇宙的创化。中国的艺术意境传达着中国心灵的宇宙情调。

五

丰子恺被誉为"中国现代最像艺术家的艺术家"。他虽以漫画最负盛名，亦广涉音乐、书法、文学等领域，在画乐诗书中自如穿梭，在诸多方面都取得了很高的成就。他的美学思想是以身说法，身体力行，且高度重视艺术教育的人生意义。

丰家祖居浙西石门。在私塾求学时，丰子恺就善描人像，有"小画家"盛名。后拜李叔同为师，深受影响，痴迷美术和音乐。1919 年 11 月，他和姜丹书、周湘、欧阳予倩等共同发起成立"中华美育会"，这是中国美学史上第一个全国性的美学组织。1920 年 4 月，中华美育会会刊《美育》创办出版，这是中国第一本美育学术刊物，丰子恺是编辑之一。

在《美育》创刊号上，丰子恺发表了《画家之生命》，提出画家之生命不在"表形"，其最要者乃"独立之趣味"。何谓趣味，丰子恺力主其要旨在"真率"。他以"成人"和"孩子"，分别指代实用的、功利的、虚伪的，和艺术的、真率的、趣味的。他说："童心，在大人就是一种'趣味'。培养童心，就是涵养趣味。"这个"童心"，是丰子恺对艺术精神和美感意趣的比喻，而不是真的要人去做回小孩子。在丰子恺这里，"儿童""顽童""小人"各有所指。他讲过一个叫华明的儿童的故事。华明一开始是个"毫无爱美之心，敢用小便去摧残雪景"的顽童。但通过和一对酷爱美术的姐弟逢春和如金的交往，提升了自己的艺术情趣和美感修养，逐渐学会了欣赏艺术、生活、自然中多种多样的美。其中讲到有个夏天月夜，华明和俩姐弟一起欣赏月下竹影，并用木炭在水门汀上描画。"月亮渐渐升上来，竹影渐渐与地上描着的木炭线相分离，现出参差不齐的样子来，好象脱了版的印刷"。华明非常珍惜，和大家告别说："明天日里头来看这地上描着的影子，一定更好看。但希望天不要下雨，洗去了我们的'墨竹'"。这与一开始的顽劣形象，判若两人。在丰子恺这里，"顽童"是少不更事，未失天真，他那颗美的"童心"尚未激活，因此需要艺术和美育。但"小人"就不同了，他是自甘沉沦的大人，是"或者为各种'欲'所迷，或者为物质的困难所压迫"的钻进"世网"的"奴隶"，他们的精神世界是顺从、屈服、消沉、诈伪、险恶、卑怯、浅薄、残忍等种种非艺术的品性。"大人化"在丰子恺这里是个贬义词。他把艺术家比喻为"大儿童",是用"真率"的"童心"来抵御"大人化"的"真艺术家"。丰子恺强调,"真艺术家"即使不画一笔,不吟一字,不唱一句,他的人生也早已是伟大的艺术品,"其生活比有名的艺术家的生活更'艺术'"。

丰子恺的《从梅花说到美》《从梅花说到艺术》《新艺术》《艺术教育的原理》《童心的培养》《艺术与人生》等文,均写得深入浅出,生动易读。抗战期间,他还写了《桂林艺术讲话》(之一、之二、之三),力主"'万物一体'是中华文化思想的大特色",是"最高的艺术论",而"中国是最艺术的国家",我们"必须把艺术活用于生活中","美化人类的生活"。"最伟大的艺术家",就是"以全人类为心的大人格者"。这样的人,在神圣的抗战中,也必至仁有为。他说,美德和技术合成艺术;若误用技术,反而害人。这些思想,都体现了人生论美学家的共同原则,即不将美从鲜活的生活中割裂出去,不主张从理论到理论的封闭的美学路径,而是主张审美艺术人生的统一,倡扬真善美的贯通,引领物我有无出入之超拔。

从梅花说到美

梅花开了！我们站在梅花前面，看到冰清玉洁的花朵的时候，心中感到一种异常的快适。这快适与收到附汇票的家信时或得到 full mark〔满分〕的分数时的快适，滋味不同；与听到下课铃时的快适，星期六晚上的快适，心情也全然各异。这是一种沉静、深刻而微妙的快适。言语不能说明，而对花的时候，各人会自然感到。这就叫做"美"。

美不能说明而只能感到。但我们在梅花前面实际地感到了这种沉静深刻而微妙的美，而不求推究和说明，总不甘心。美的本身的滋味虽然不能说出，但美的外部的情状，例如原因或条件等，总可推究而谈论一下，现在我看见了梅花而感到美，感到了美而想谈美了。

关于"美是什么"的问题，自古没有一定的学说。俄罗斯的文豪托尔斯泰曾在其《艺术论》中列述近代三四十位美学研究者的学说，而各人说法不同。要深究这个问题，当读美学的专书。现在我们只能将古来最著名的几家的学说，在这里约略谈论一下。

最初，希腊的哲学家苏格拉底这样说："美的东西，就是最适合于其用途及目的的东西。"他举房屋为实例，说最美丽的房屋，就是最合于用途，最适于住居的房屋。这的确是有理由的。房子的外观无论何等美丽，而内部不适于居人，决不能说是美的建筑。不仅房屋为然，用具及衣服等亦是如此。花瓶的样子无论何等巧妙，倘内部不能盛水插花，下部不能稳坐桌子上，终不能说是美的工艺品。高跟皮鞋的曲线无论何等玲珑，倘穿了走路要跌跤，终不能说是美的装束。

"美就是适于用途与目的。"苏格拉底这句话，在建筑及工艺上固然讲得通，但按到我们的梅花，就使人难解了。我们站在梅花前面，实际地感到梅花的美。但梅花有什么用途与目的呢？梅花是天教它开的，不是人所制造的，天生出它来，或许有用途与目的，但人们不能知道。人们只能站在它前面而感到它的美。风景也是如此：西湖的风景很美，但我们决不会想起西湖的用途与目的。只有巨人可拿西湖来当镜子吧？

这样想来，苏格拉底的美学说是专指人造的实用物而说的。自然及艺术品的美，都不能用他的学说来说明。梅花与西湖都很美，而没有用途与目的；姜白石〔姜夔〕的《暗香》与《疏影》为咏梅的有名的词，但词有什么用途与目的？苏格拉底的话，很有缺陷呢！

苏格拉底的弟子柏拉图，也是思想很好的美学者。他想补足先生的缺陷，说"美是给我们快感的"。这话的确不错，我们站在梅花前面，看到梅花的名画，读到《暗香》《疏影》，的确发生一种快感，在开篇处我早已说过了。

然而仔细一想，这话也未必尽然，有快感的东西不一定是美的。例如夏天吃冰淇淋，冬天捧热水袋，都有快感。然而吃冰淇淋与捧热水袋不能说是美的。看馔入口时很有快感，然厨司不能说是美术家。罗马的享乐主义者们中，原有重视看馔的人，说看馔是比绘画音乐更美的艺术。但这是我们所不能首肯的话，或罗马的亡国奴的话。照柏拉图的话做去，我们将与罗马的亡国奴一样了。柏拉图自己蔑视看馔，这样说来，绘画音乐雕刻等一切诉于感觉的美术，均不足取了（因为柏拉图是一个轻视肉体而贵重灵魂的哲学家，看馔是养肉体的，所以被蔑视）。故柏拉图的学说，仍不免有很大的缺陷。

于是柏拉图的弟子亚理斯多德，再来修补先生的学说的缺陷。但他对于美没有议论，只有对于艺术的学说。他说"艺术贵乎逼真"。这也的确是卓见。诸位上图画课时，不是尽力在要求画得像么？小孩子看见梅花，画五个圈，我们看见了都赞道："画得很好。"因为很像梅花，所以很好，照亚理斯多德的话说来，艺术贵乎自然的模仿，凡肖似实物的都是美的。这叫做"自然模仿说"，在古来的艺术论中很有势力，到今日还不失为艺术论的中心。

然而仔细一想，这一说也不是健全的。倘艺术贵乎自然模仿，凡肖似实物的都是美的，那么，照相是最高的艺术，照相师是最伟大的美术家了。用照相照出来的景物，比用手画出来的景物逼真得多，则照相应该比绘画更贵了。然而照相终是照相，近来虽有进步的美术照相，但严格地说来，美术照相只能算是摄制的艺术，不能视为纯正的艺术。理由很长；简言之：因为照相中缺乏人的心的活动，故不能成为正格的艺术。画家所画的梅花，是舍弃梅花的不美的点，而仅取其美的点，又助长其美，而表现在纸上的。换言之，画中的梅花是理想化的梅花。画中可以行理想化，而照相中不能。模仿与理想化——此二者为艺术成立的最大条件。亚理斯多德的话，偏重了模仿而疏忽了理想化，所以也不是健全的学说。

以上所说，是古代最著名的三家的美学说。近代的思想家，对于美有什么新意见呢？德国有真善美合一说及美的独立说；二说正相反对。略述如下：

近代德国美学家包姆加敦〔鲍姆加登〕（Baumgarten，1714—1762）说："圆满之物诉于我们的感觉的时候，我们感到美。"这句话道理很复杂了。所谓圆满，必定有种种的要素。例如梅花，仅乎五个圆圈，不能称为圆满。必有许多花，又有蕊，有枝，有干，或有盆。总之，不是单纯而是复杂的。但一味复杂而没有秩序，例如在纸上乱描了几百个圆圈，又不能称为圆满，不成为画。必须讲究布置，而有统一，方可称为圆满。故换言之，圆满就是"复杂的统一"。做人也是如此的：无论何等善良的人，倘过于率直或过于曲折，决不能有圆满的人格。必须有丰富的知识与感情，而又有统一的见解的人，方能具有圆满的人格。我们用意志来力求这圆满，就是"善"；用理知来认识这圆满，就是"真"；用感情来感到这圆满，就是"美"。故真、美、善，是同一物。不过或诉于意志，或诉于理知，或诉于感情而已。——这叫做真善美合一说。

反之，德国还有温克尔曼（Wincklemann，1717—1768）和雷迅〔莱辛〕（Lessing，1729—1781）两人，完全反对包姆加敦，说美是独立的。他们说："美与真善不同。美全是美，除美以外无他物。"

但近代美学上最重要的学说，是"客观说"与"主观说"的二反对说，前者说美在于（客观的）外物的梅花上，后者说美在于（主观的）看梅花的人的心中。这种问题的探究，很有趣味，现在略述之如下：

美的客观说，始创于英国。英国画家霍格斯〔贺加斯〕（Hogarth，1697—1764）说："物的形状，由种种线造成。线有直线与曲线。曲线比直线更美。"现今研究裸体画的人，有"曲线美"之说。这话便是霍格斯所倡用的。霍格斯说："曲线所成的物，一定美观。故美全在于事物中。"倘问他："梅花为什么是美的？"他一定回答："因为它有很好的曲线。"

美的客观说的提倡者很多。就中有的学者，曾指定美的具体的五条件，说法更为有趣。今略为伸说之：

第一，形状小的——美的事物，大抵其形状是小的。女人比男人，身体大概较小。故女人大概比男人为美。英语称女性为 fair sex 即"美性"。中国文学中描写美人多用小字，例如"娇小""生小"，称女子为"小姐""小鬟"，女子的名字也多用"小红""小苹"等。因为小的大都可爱。孩子们欢喜洋团团，大人们欢喜宝石、象牙细工，大半是因其小而可爱的原故。我们看了梅花觉得美，也半是为了梅花形小的原故。假如有像伞一般大的梅花，我们见了一定只觉得可惊，不感到美。我们看见婴孩，总觉得可爱。但假如婴孩同白象一样大，我们就觉得可怕了。

第二，表面光滑的——美的事物，大概表面光滑。这也可先用美人来证明。美人的第一要件是肌肤的光泽。故诗词中有"玉体""玉肌""玉女"等语。我们所以爱玉，爱宝，爱大理石，爱水晶，也是爱它们的光滑。爱云，爱雪，爱水，也是为了洁净无瑕的原故。化妆品——雪花膏、生发油、蜜，大都是以使肤发光滑为目的的。

第三，轮廓为曲线的——这与霍格斯所说相同。曲线大概比直线为可爱。试拿一个圆的玩具和一个方的玩具同时给小孩子看，请他选择一件，他一定取圆的。人的颜面，直线多而棱角显然，不及曲线多而带圆味的好看。矗立的东洋建筑，上端加一圆的 dome〔圆屋顶〕，比平顶的好看得多。西湖的山多曲线，故优美。云与森林的美，大半在于其周围的曲线。美人的脸必由曲线组成。下端圆肥而膨大的所谓"瓜子脸"，有丰满之感，上端膨大而下端尖削的"倒瓜子脸"，有清秀之感。孩子的脸中倘有了直线，这孩子一定不可爱。

第四，纤弱的——纤弱与小相类似，可爱的东西，大概是弱的。例如鸟、白兔、猫，大都是弱小的。在人中，女子比男子弱，小孩比大人弱。弱了反而可爱。

第五，色彩明而柔的——色彩的明，换言之，就是白的，淡的。谚云"白色隐七难"；故女子都欢喜擦粉。色的柔，就是明与暗的程度相差不可过多。由明渐渐地暗，或由暗渐渐地明。称为"柔的调子"。柔的调子大都是美的。物体受着过强的光，或过于接近光源，其明暗判然，即生刚调子。刚调子不及柔调子的美观。窗上用窗帏，电灯泡用毛玻璃，便是欲减弱光的强度，使光匀和，在室中的人物上映成柔和的调子。女子不喜立在灯的近旁或太阳光中，便是欲避去刚调子。太阳下的女子罩着薄绢的彩伞，脸上的光线异常柔美。

我们倘问这班学者："梅花为什么是美的？"他们一定回答："梅花形小，瓣光泽，由曲线包成，纤弱，色又明柔，故美。"这叫做"美的客观说"。这的确有充实的理由。

反之，美的主观说，始倡于德国。康德（Kant，1724—1804）便是其大将。据康德的意见，美不在于物的性质，而在于自己的心的如何感受。这话也很有道理：人们都觉得自己的子女可爱，故有语云："癞痢头儿子自己的好。"人们都觉得自己的恋人可爱，故有语云："情人眼里出西施。"这种话中，含有很深的真理。法兰西的诗人波独雷尔〔波德莱尔〕（Baudelaire）有一首诗，诗中描写自己死后，死骸上生出蛆虫来，其蛆虫非常美丽。可知心之所爱，蛆虫也会美起来。我们站在梅花前面，而感到梅花的美，并非梅花的美，正是因为我们怀着欣赏的心的原故。作《暗香》《疏影》的姜白石站在梅花前面，其所见的美一定比我们更多。计算梅花有几个瓣与几个蕊的博物学者，对梅花全不感到其美。挑了盆梅而在街上求售的卖花人，只觉得重的担负。

感到美的时候，我们的心情如何？极简要地说来，即须舍弃理知的念头而仅用感情来迎受。美是要用感情来感到的。博物先生用了理知之念而对梅花，卖花人用了功利之念而对梅花，故均不能感到其美。故美的主观说，是不许人们想起物的用途与目的的。这与前述的苏格拉底的实用说恰好相反，但这当然是比希腊时代更进步的思想。

康德这学说，名为"无关心说"（"disinterestedness"）。无关心，就是说美的创作或鉴赏的时候不可想起物的实用的方面，描盆景时不可专想吃苹果，看展览会时不可专想买画，而用欣赏与感叹的态度，把自己的心没入在对象中。

以上所述的客观说与主观说，是近代美学上最重要的二反对说。每说各有其根据。禅家有"幡动，心动"的话，即看见风吹幡动的时候，一人说是幡动，又一人说是心动。又有"钟鸣，撞木鸣"的话，即敲钟的时候，或可说钟在发音，或可说是撞木在发音。究竟是幡动抑心动？钟鸣抑撞木鸣？照我们的常识想来，两者不可分离，不能偏说一边，这是与"鸡生卵，卵生鸡"一样的难问题。应该说："幡与心共动，钟与撞木共鸣。"这就是德国的席勒尔〔席勒〕（Schiller，1759—1805）的"美的主观融合说"。

融合说的意见：梅花原是美的。但倘没有能领略这美的心，就不能感到其美。反之，颇有领略美感的心，而所对的不是梅花而是一堆鸟粪，也就不能感到美。故美不能仅用主观或仅用客观感得。二者同时共动，美感方始成立。这是最充分圆满的学说，世间赞同的人很多。席勒尔以后的德国学者，例如海格尔〔黑格尔〕（Hegel），叔本华（Schopenhauer），哈特曼（Hartmann）等，都是信从这融合说的。

以上把古来关于美的最著名的学说大约说过了。但这不过是美的外部的情状，不是美本身的滋味。美的滋味，在口上与笔上决不能说出，只得由各人自己去实地感受了。

（原刊《中学生》1930 年 2 月第 2 号。）

精彩一句：

美的滋味，在口上与笔上决不能说出，只得由各人自己去实地感受了。

李梅品鉴：

丰子恺先生由观梅花所感而言说美，他不是空谈美的定义和概念，而是从美的体验谈起，显然是用意极深的。人们对于"美"这一讨论了几千年的话题，始终未能找到一个完全适用的解说。我们常说，美无处不在，关键是怎样才能具有一双洞察美的眼睛，当具备了一双发现美的双眸，美的体验似乎是易于获得的。

对于美的外部的情状，例如原因或条件等，是否可推究和谈论呢，丰子恺先生的回答是肯定的。他如是说："现在我看见了梅花而感到美，感到了美而便想谈美了。"梅花的冰清玉洁，带给观者异常的快适，这是有别于实用的生活事例，胜过收到附有汇票的家信或获得满分的欢愉。

梅花的玉洁和美好透出的是一种沉静、深刻而微妙的快适，是言语不能说明的美感和快适，只得个人于内心深处慢慢体会和把玩。所以，美是不能说而只能感到的，要想获得美的体验，必得有情感相协同，即美是要用情感来感到的，这是丰子恺先生给予我们的启示。

当以有情之眼观宇宙万物，乃与万物共生，以有情之心体宇宙众生，乃与众生欢悦也！

从梅花说到艺术

"寻常一样窗前月，才有梅花便不同。"不同在于何处？我们只能感到而不能说出。但仅乎像吃糖一般地感到一下子甜，而无以记录站在窗前所切实地经验的这微妙的心情，我们总不甘心。于是就有聪明的人出来，煞费苦心地设法表现这般心情。这等人就是艺术家，他们所作的就是艺术。

对于窗前的梅花，在我们只能观赏一下，至多低徊感叹一下。但在宋朝的梅花画家杨无咎，处处是杰作的题材；在词人姜白石，可为《暗香》《疏影》的动机。我们看了梅花的横幅，读了《暗香》《疏影》，往往觉得比看到真的梅花更多微妙的感动，于此可见艺术的高贵！我有时会疏慢地走过篱边，而曾不注意于篱角的老梅；有时虽注意了，而并无何等浓烈的感兴。但窗间的横幅，可在百忙之中牵惹我的眼睛，使我注意到梅的清姿。可见凡物一入画中便会美起来。梅兰竹菊，实物都极平常。试看：真的梅树不过是几条枯枝；真的兰叶不过是一种大草；真的竹叶散漫不足取；真的菊花与无名的野花也没有什么大差。经过了画家的表现，方才美化而为四君子。这不是横幅借光梅花的美，而是梅花借光横幅的美。梅花受世人的青眼，全靠画家的提拔。世间的庸人俗子，看见了梅兰竹菊都会啧啧称赏，其实他们何尝自能发见花卉的美！他们听见画家有四君子之作，因而另眼看待它们。另眼看待之后，自然对于它们特别注意；特别注意的结果，也会渐渐地发见其可爱了。

我自己便是一个实例。我幼年时候，看见父亲买兰花供在堂前，心中常是不解他的用意。在我看来，那不过是一种大草，种在盆里罢了，怎么值得供在堂前呢？后来年纪稍长，有一天偶然看见了兰的画图，觉得其浓淡肥瘦、交互错综的线条，十分美秀可爱，就恍然悟到了幼时在堂前见惯的"种在盆里的大草"。自此以后，我看见真的兰花，就另眼看待而特别注意，结果觉得的确不错，于是"盆里的大草"就一变而为"王者之香"了，世间恐怕不乏我的同感者呢。

有人说：人们不是为了悲哀而哭泣，乃为了哭泣而悲哀的。在艺术上也有同样的情形，人们不是感到了自然的美而表现为绘画，乃表现了绘画而感到自然的美。换言之，绘画不是模仿自然，自然是模仿绘画的。

英国诗人王尔德（Wilde，1856—1900）有"人生模仿艺术"之说。从前的人，都以为艺术是模仿人生的。例如文学描写人生，绘画描写景物。但他却深进一层，说"人生模仿艺术"。小说可以变动世间的人的生活，图画可以变动世间的人的相貌。据论者所说，这是确然的事：卢骚〔卢梭〕（J. J. Rousseau，1712—1778）作了《哀米儿》〔《爱弥儿》〕（《Emile》），法国的妇人大家退出应接室与跳舞厅而回到育儿室中去。洛西谛〔罗赛蒂〕（D. G. Rossetti，1828—1882）画了神秘而凄艳的 Beatrice〔比亚特丽丝〕（即意大利大诗人但丁的《神曲》中的女主人，是但丁的恋人）的像，英国的少女的颜貌一时都变成了Beatrice 式。日本的竹久梦二画了大眼睛的女颜，日本现在的少女的眼睛都同银杏果一样。有一位善于趣话的朋友对我说："倘使世间的画家大家都画没有头的人，不久世间的人将统统没有头了。"读者以为这是笑话么？其实并不是笑话。世间的画家决不会画没有头的人，所以人的头决不会没有。但"人生模仿艺术"之说，决不是夸张的。理由说来很长，不是这里所可猎涉。简言之，因为艺术家常是敏感的，常是时代的先驱者。世人所未曾做到的事，艺术家有先见之明。所以艺术家创造未来的世界，众人当然跟了他实行。艺术家创造未来的自然，自然也会因了培养的关系而跟了他变形。梅花经过了杨无咎与姜白石的描写，而渐渐地美化。今日的梅花，一定比宋朝以前的梅花美丽得多了。

闲话休题，我们再来欣赏梅花。在树上的是梅花的实物，在横幅中的是梅花的画，在文学中的是梅花的词。画与词都是艺术品。艺术品是因了材料而把美具体化的。材料不同，有的用纸，有的用言语，有的用大理石，有的用音。即成为绘画、文学、雕刻、音乐等艺术。无论哪一种艺术，都是借一种物质而表现，而诉于我们的感觉的。"美是诉于感觉"，是希腊的柏拉图的名论，在前篇中早已提及了。

但我们先看梅花的画，次读《暗香》《疏影》的词，就觉得滋味完全不同。即绘画中的梅花与文学中的梅花，表现方法完全不同。绘画中描出梅花的形状，诉于我们的视觉，而在我们心中唤起一种美的感情。文学却不然：并没有梅花的形状，而只有一种话，使我们读了这话而在心中浮出梅花的姿态来。试读《暗香》：

> "旧时月色，算几番照我，梅边吹笛？唤起玉人，不管清寒与攀摘。何逊而今渐老，都忘却，春风词笔。但怪得、竹外疏花，香冷入瑶席。
>
> 江国，正寂寂。叹寄与路遥，夜雪初积。翠尊易泣，红萼无言耿相忆。长记曾携手处，千树压西湖寒碧。又片片吹尽也，几时见得？"

"旧时月色，算几番照我，梅边吹笛"数句可使人脑中浮出一片月照梅花的景象，和许多梅花以外的背景（月、笛、我）。读到"竹外疏花，香冷入瑶席"，恍然思起幽静别院的雅会。读到"千树压西湖寒碧"，又梦见一片香雪成海的孤山的景色。再读《疏影》：

> "苔枝缀玉，有翠禽小小，枝上同宿。客里相逢，篱角黄昏，无言自倚修竹。昭君不惯胡沙远，但暗忆江南江北。想佩环、月夜归来，化作此花幽独。
>
> 犹记深宫旧事，那人正睡里，飞近蛾绿。莫似东风，不管盈盈，早与安排金屋。还教一片随波去，又却怨玉龙哀曲。等恁时、重觅幽香，已入小窗横幅。"

"篱角黄昏，无言自倚修竹"，可使人想起岁寒三友图的一部。读到"已入小窗横幅"，方才活现地在眼前呈出一幅疏影矢娇的梅花图。然而我们在《暗香》《疏影》中所见的梅花，都只是一种幻影，不是像看图地实际感觉到梅花的形与色的。在这里可以悟到文学与造型美术（绘画，雕刻等）的不同。绘画与雕刻确是诉于感觉的艺术，但文学并不诉于感觉。文学只是用一种符号（文字）来使我们想起梅花的印象。例如我们看见"梅"之一字，从"梅"这字的本身上并不能窥见梅花的姿态。只因为看见了"梅"字之后，我们就会想起这字所代表的那种花，因而脑中浮出关于这花的回忆来。倘用心理学上的专词来说，这是用"梅"的一种符号来使我们脑中浮出梅花的"表象"。所以文学中的梅花与绘画中的梅花全然不同，绘画是诉于"感觉"的，文学是诉于"表象"的。柏拉图的名论有些不对。但"表象"是"感觉"的影。故柏拉图的名论也可说是对的。

但诉于表象的文学，与专诉于感觉的其他的艺术（绘画、音乐、雕刻、建筑、舞蹈等），在性质上显然是大不相同。这可分别名之为"表象艺术"与"感觉艺术"。现在试略述这两种艺术的异点。

表象艺术所异于感觉艺术的，是其需要理知的要素。例如"梅花开"，是"梅花"的表象与"开"的表象的结合。必须用理知来想一想这两个表象的关系，方才能知道文学所表现的意味。且文学中不但要表象，又需概念与观念。例如说"梅"，所浮出的梅花的表象，必是从前在某处看见过的梅花。即从前的经验具象地浮出在脑际。这便是"表象"。但倘不说梅兰竹菊，而仅说一个"花"字，则脑中全然不能浮出一种具象的东西，只是一种漠然的，共通的抽象的花。这便是"概念"。又如不说梅或花，而说一抽象的"美"字，这便是"观念"。"旧时月色"的"旧时"，"不管清寒"的"清寒"，都是观念。"善恶""运命""幸福""和平"，……都是观念。观念决不能具象地浮出在我们的脑中，只能使我们作论理的"思考"。

至如表现人生观的文学作品，更非用敏锐的头脑来思考不可了。记得美国〔英国〕的文豪卡莱尔（Carlyle，1795—1881）说过，"我们要求思考的文学。"可知思考是文学艺术上的一种特色。

但在绘画上，就全然不同了。例如这里挂着一幅梅妻鹤子图。画中描一位林和靖先生，一只鹤和梅树。我们看这幅画时，虽然也要理知的活动，例如想起这是宋朝的处士林和靖先生，他是爱梅花和鹤的……但看画，仍以感觉为主。处士的风貌与梅鹤的样子，必诉于我们的眼。即绘画的本质，仍是诉于我们的感觉的。理知的活动，不过是暂时的，一部分的，表面的。决不像读到"只因误识林和靖，惹得诗人说到今"的诗句时的始终深入于理知的思考中。

所以看画的，要知道画的题材（意义），不是画的主体。画的主体乃在于形状、线条、色彩与气韵（形式）。换言之，画不是想的，是看的（想不过是画的附属部分）。文人往往欢喜《梅妻鹤子图》《赤壁泛舟图》《黛玉葬花图》；基督徒欢喜《圣母子图》《基督升天图》，这都是欢喜画的附属物的题材（意义），而不是赏识画的本身的表现（形式），题材固然也有各人的嗜好，但表现的形式尤为主要，切不可忽视。

近世的西洋画，渐渐不重题材而注意画的表现形式（技术）了。印象派的画家，不选画题，一味讲究色彩的用法、光的表出法。寻常的野景、身边的器什，都可为印象派画家的杰作的题材。印象派大画家莫南〔莫奈〕（Monet，1840—1926）曾经把同一的稻草堆画了十五幅名画（朝、夕、晦、明，种种不同）。没有训练的眼，对着了十五幅稻草一定觉得索然无味。这显然是绘画的展进于专门的境域。至于印象派以后，这倾向更深。像未来派、立体派等绘画，画面全是形、色、线的合奏，连物件的形状都看不出了。

（原刊《中学生》1930 年 2 月第 2 号。）

精彩一句：

梅花受世人的青眼，全靠画家的提拔。

连祥品鉴：

中国传统文化，讲究"君子比德"。梅兰竹菊，正是中国传统文化中用来比德的"四君子"。

中国人爱梅兰竹菊，似乎已成集体无意识了。丰子恺父亲是晚清举人。受父亲的影响，丰子恺也喜爱梅兰竹菊。因此，他喜欢从梅花说到美，又从梅花说到艺术。

中国文人爱画梅，又爱用诗词咏梅。从他们的画和诗词中，我们能领略梅花的美，又能体会到梅花傲雪斗霜以及来自苦寒的幽香。艺术中的梅花，师法造化，但又高于自然。

如果印象派爱画梅花，就会画出梅花丰富多彩的光、色效果来。

美与同情

有一个儿童，他走进我的房间里，便给我整理东西。他看见我的表面合覆在桌子上，给我翻转来。看见我的茶杯放在茶壶的环子后面，给我移到口子前面来。看见我床底下的鞋子一顺一倒，给我掉转来。看见我壁上的立幅的绳子拖出在前面，搬了凳子，给我藏到后面去。我谢他：

"哥儿，你这样勤勉地给我收拾！"

他回答我说：

"不是，因为我看了那种样子，心情很不安适。"是的，他曾说："表面合覆在桌子上，看它何等气闷！""茶杯躲在它母亲的背后，教它怎样吃奶奶？""鞋子一顺一倒，教它们怎样谈话？""立幅的辫子拖在前面，像一个鸦片鬼。"我实在钦佩这哥儿的同情心的丰富。从此我也着实留意于东西的位置，体谅东西的安适了。它们的位置安适，我们看了心情也安适。于是我恍然悟到，这就是美的心境，就是文学的描写中所常用的看法，就是绘画的构图上所经营的问题。这都是同情心的发展。普通人的同情只能及于同类的人，或至多及于动物；但艺术家的同情非常深广，与天地造化之心同样深广，能普及于有情非有情的一切物类。

我次日到高中艺术科上课，就对她们作这样的一番讲话：

世间的物有各种方面，各人所见的方面不同。譬如一株树，在博物家，在园丁，在木匠，在画家，所见各人不同，博物家见其性状，园丁见其生息，木匠见其材料，画家见其姿态。

但画家所见的，与前三者又根本不同：前三者都有目的，都想起树的因果关系，画家只是欣赏目前的树的本身的姿态，而别无目的。所以画家所见的方面，是形式的方面，不是实用的方面。换言之，是美的世界，不是真善的世界。美的世界中的价值标准与真善的世界中全然不同。我们仅就事物的形状色彩姿态而欣赏，更不顾问其实用方面的价值了。所以一枝枯木，一块怪石，在实用上全无价值，而在中国画家是很好的题材。无名的野花，在诗人的眼中异常美丽。故艺术家所见的世界，可说是一视同仁的世界，平等的世界。艺术家的心，对于世间一切事物都给以热诚的同情。

故普通世间的价值与阶级，入了画中便全部撤销了。画家把自己的心移入于儿童的天真的姿态中而描写儿童，又同样地把自己的心移入于乞丐的病苦的表情中而描写乞丐。画家的心，必常与所描写的对象相共鸣共感，共悲共喜，共泣共笑，倘不具备这种深广的同情心，而徒事手指的刻划，决不能成为真的画家。即使他能描画，所描的至多仅抵一幅照相。

画家须有这种深广的同情心，故同时又非有丰富而充实的精神力不可。倘其伟大不足与英雄相共鸣，便不能描写英雄，倘其柔婉不足与少女相共鸣，便不能描写少女。故大艺术家必是大人格者。

艺术家的同情心，不但及于同类的人物而已，又普遍地及于一切生物无生物，犬马花草，在美的世界中均是有灵魂而能泣能笑的活物了。诗人常常听见子规的啼血，秋虫的促织，看见桃花的笑东风，蝴蝶的送春归，用实用的头脑看来，这些都是诗人的疯话。其实我们倘能身入美的世界中，而推广其同情心，及于万物，就能切实地感到这些情景了。画家与诗人是同样的，不过画家注重其形色姿态的方面而已。没有体得龙马的泼力，不能画龙马，没有体得松柏的劲秀，不能画松柏。中国古来的画家都有这样的明训。西洋画何独不然？我们画家描一个花瓶，必其心移入于花瓶中，自己化作花瓶，体得花瓶的力，方能表现花瓶的精神。我们的心要能与朝阳的光芒一同放射，方能描写朝阳；能与海波的曲线一同跳舞，方能描写海波。这正是"物我一体"的境涯，万物皆备于艺术家的心中。

为了要有这点深广的同情心，故中国画家作画时先要焚香默坐，涵养精神，然后和墨伸纸，从事表现。其实西洋画家也需要这种修养，不过不曾明言这种形式而已。不但如此，普通的人，对于事物的形色姿态，多少必有一点共鸣共感的天性。房屋的布置装饰，器具的形状色彩，所以要求其美观者，就是为了要适应天性的缘故。眼前所见的都是美的形色，我们的心就与之共感而觉得快适；反之，眼前所见的都是丑恶的形色，我们的心也就与之共感而觉得不快。不过共感的程度有深浅高下不同而已。对于形色的世界全无共感的人，世间恐怕没有；有之，必是天资极陋的人，或理知的奴隶，那些真是所谓"无情"的人了。

在这里我们不得不赞美儿童了。因为儿童大都是最富于同情的，且其同情不但及于人类，又自然地及于猫犬，花草，鸟蝶，鱼虫，玩具等一切事物，他们认真地对猫犬说话，认真地和花接吻，认真地和人像〔玩偶，娃娃〕(doll) 玩耍，其心比艺术家的心真切而自然得多！他们往往能注意大人们所不能注意的事，发见大人们所不能发见的点。所以儿童的本质是艺术的。换言之，即人类本来是艺术的，本来是富于同情的。只因长大起来受了世智的压迫，把这点心灵阻碍或销磨了。惟有聪明的人，能不屈不挠。外部即使饱受压迫，而内部仍旧保藏着这点可贵的心。这种人就是艺术家。

西洋艺术论者论艺术的心理，有"感情移入"之说。所谓感情移入，就是说我们对于美的自然或艺术品，能把自己的感情移入于其中，没入于其中，与之共鸣共感，这时候就经验到美的滋味。我们又可知这种自我没入的行为，在儿童的生活中为最多。他们往往把兴趣深深地没入在游戏中，而忘却自身的饥寒与疲劳。圣书中说：你们不像小孩子，便不得进入天国。小孩子真是人生的黄金时代！我们的黄金时代虽然已经过去，但我们可以因了艺术的修养而重新面见这幸福，仁爱，而和平的世界。

（原刊《中学生》1930 年 1 月第 1 号。）

精彩一句：

小孩子真是人生的黄金时代！我们的黄金时代虽然已经过去，但我们可以因了艺术的修养而重新面见这幸福，仁爱，而和平的世界。

连祥品鉴：

丰子恺自称是儿童崇拜者。本文就从儿童深广的同情心说起，说明美的发现，需要有一颗儿童那样深广的同情心。

成人要超越世俗功利，无疑需要一颗孟子所说的"赤子之心"。而在丰子恺看来，"赤子之心"，其实就是孩童般的艺术心和宗教心。所以，赤子心、艺术心和宗教心是三位一体的精神结构，属于互相包含的逻辑关系。"童心"，也就是佛教中的"真如"。"童心"是"净"，与之相对的世俗心则是"染""净"杂糅的了。审美需要超越世俗的功利，以儿童般的"赤子之心"来打量世间万物。

新艺术

世间盛传"新艺术"这个名词。浅虑的人，就在现在的新艺术与过去的旧艺术之间划了一条不可超越的界线，以为过去的都是无用的废物了。其实并不如此。艺术的分新旧，是仅就其表面而说的。艺术的表面跟了时代而逐渐变相，现在的为新，过去的为旧；但"艺术的心"是永远不变的。这犹之人的服装囚了各时代的制度而改样，或为古装，或为时装；但衣服里面的肉体是永远不变的。脱去了衣服，古人与今人都是同样的人，无所谓古今，同理，不拘泥其表面，而接触其内部的精神，艺术也是永远不变，无所谓新艺术与旧艺术的。

"艺术的心"永远不变，故艺术可说是永远"常新的"。

自来的大画家，都是从自然受得深刻的灵感，因而成就其为大画家的。但受得的情形，各人不同，因而其所表现的艺术，样式也不同；于是绘画上就有种种的画派，伟大广博的自然，具有种种方面。从自然的形象方面受得灵感，而创作绘画，便成为"写实派"；从自然的色彩方面受得灵感，而创作绘画，便成为"印象派"；从自然的构成方面受得灵感，而创作绘画，便成为"表现派"。各派时代不同，表现异样；但在对于自然的灵感这一点上，各画家是相同的。

现今的艺术界中，流行着表现派的画风。有一班青年的艺人，以为表现主义是二十世纪的特产，这才适合于二十世纪新青年的精神；于是大家做了Cézanne（塞尚）与Matisse（马蒂斯）的崇拜者。提起笔来，就在画布上飞舞线条，夸弄主观，以为非此便不新，非新便不是二十世纪的青年艺术家了。这全是浅见。他们没有完备健全的"艺术的心"，他们所见的只是艺术的表面。他们的艺术，犹之一个服装徒尚时髦而体格不健全的人。这人无论如何讲究服装，终于妆不出好看的模样来。反之，若先有了强健美满的体格，则御无论何种服装，都有精神，正不必拘于老式与时髦了。

这所谓体格，在艺术上便是"艺术的心"。故青年欲研究艺术，必先培养其"艺术的心"。何谓"艺术的心"？简言之，就是前述的"灵感"。

艺术创作的时候，必先从某自然中受得一种灵感，然后从事表现。全无何等灵感而动手刻划描写，其工作不成为艺术，而仅为匠人之事。倘学画的人只知多描，学诗的人只知多作，而皆闲却了用心用眼的工夫，其事业便舍本而逐末，而事倍功半了。在艺术创作上，灵感为主，而表现为从；即观察为主，而描写为从；亦即眼为主而手为从。故勤描写生，不如多观自然；勤调平仄，不如多读书籍。胸襟既广，眼力既高，手笔自然会进步而超越起来。所以古人学画，有"读万卷书，行万里路"的训话。可知艺术完全是心灵的事业，不是技巧的工夫。西洋有格言道：

"凡艺术是技术；但仅乎技术，不是艺术。"

仅乎技术不是艺术，即必须在技术上再加一种他物，然后成为艺术。这他物便是"艺术的心"。有技术而没有"艺术的心"，不能成为艺术，有"艺术的心"而没有技术，亦不能成为艺术。但两者比较起来，在"人生"的意义上，后者远胜于前者了。因为有"艺术的心"而没有技术的人，虽然未尝描画吟诗，但其人必有芬芳悱恻之怀，光明磊落之心，而为可敬可爱之人。若反之，有技术而没有艺术的心，则其人不啻一架无情的机械了。于此可知"艺术的心"的可贵。

日本已故文学者夏目漱石在其《草枕》中有这样的话："诗思不落纸，而铿锵之音，起于胸中。丹青不向画架涂抹，而五彩绚烂，自映心眼。但能如是观看所处之世，而在灵台方寸之镜箱中摄取浇季溷浊之俗世之清丽之影，足矣，故无声之诗人虽无一句，无色的画家虽无尺缣；但其能如是观看人生，其能解脱烦恼，其能如是出入于清净界，以及其能建此不同不二之乾坤，其能扫荡我利私欲之羁绊，——较千金之子、万乘之君、一切俗界之宠儿为幸福也。"

这里所谓"解脱烦恼""出入于清净界""建此不同不二之乾坤""扫荡我利私欲"诸点，皆"艺术的心"所独到的境地。艺术的高贵的超现实性，即在于此。高尚的艺术，所以能千古不朽而"常新"者，正为其具有这高贵的超现实性的原故。

故研究艺术，宜先开拓胸境，培植这"艺术的心"。心广则眼自明净，于是尘俗的世间，在你眼中常见其为新鲜的现象；而一切大艺术，在你也能见其"常新"的不朽性，而无所谓新艺术与旧艺术的分别了。

（原刊《艺术旬刊》1932 年 9 月 11 日第 1 卷第 2 期。）

精彩一句：

"艺术的心"永远不变，故艺术可说是永远"常新的"。

李梅品鉴：

艺术乃是心灵的伟大事业，艺术的分新旧，是仅就其表面而说的，"艺术的心"是永远不变的。丰子恺先生对于当时出现的所谓的"新艺术"现象，给予了自己的分析和看法，他认为"新艺术"的称谓是不合适的。

时代的变化，会引起艺术的形式及表现方式的变化，但是艺术作为心灵的事业，却不仅是技巧的功夫，正所谓有"凡艺术是技术；但仅乎技术，不是艺术。"唯有加上"艺术的心"，才能成就艺术。所以，大画家常从自然寻求灵感，先是体格的修养和艺术之心的培养，然后才是冠以技巧的传达，最后成其为大画家。

在丰子恺先生看来，新艺术所提倡的无奇不有，分明自顾地表达自我，完全忽略了"艺术心"的关键地位之举，显然是不恰当的。所以，他将"艺术心"的培养和呵护作为艺术的要旨，认为唯有开阔心胸的境域，培植"艺术心"，心广而眼明净也，如此一来，尘俗的世间，在我们眼中才能见出其新鲜的现象。

艺术三昧

　　有一次我看到吴昌硕写的一方字，觉得单看各笔划，并不好。单看各个字，各行字，也并不好。然而看这方字的全体，就觉得有一种说不出的好处。单看时觉得不好的地方，全体看时都变好，非此反不美了。

　　原来艺术品的这幅字，不是笔笔，字字，行行的集合，而是一个融合不可分解的全体。各笔各字各行，对于全体都是有机的，即为全体的一员。字的或大或小，或偏或正，或肥或瘦，或浓或淡，或刚或柔，都是全体构成上的必要，决不是偶然的。即都是为全体而然，不是为个体自己而然的。于是我想象：假如有绝对完善的艺术品的字，必在任何一字或一笔里已经表出全体的倾向。如果把任何一字或一笔改变一个样子，全体也非统统改变不可；又如把任何一字或一笔除去，全体就不成立。换言之，在一笔中已经表出全体，在一笔中可以看出全体，而全体只是一个个体。

　　所以单看一笔一字或一行，自然不行。这是伟大的艺术的特点。在绘画也是如此。中国画论中所谓"气韵生动"，就是这个意思。西洋印象画派的持论："以前的西洋画都只是集许多幅小画而成一幅大画，毫无生气。艺术的绘画，非画面浑然融合不可。"在这点上想来，印象派的创生确是西洋绘画的进步。

这是一个不可思议的艺术的三昧境。在一点里可以窥见全体，而在全体中只见一个体。所谓"一有多种，二无两般。"（《碧岩录》）就是这个意思吧！这道理看似矛盾又玄妙，其实是艺术的一般的特色，美学上的所谓"多样的统一"，很可明了地解释，其意义：譬如有三只苹果，水果摊上的人把它们规则地并列起来，就是"统一"。只有统一是板滞的，是死的。小孩子把它们触乱，东西滚开，就是"多样"。只有多样是散漫的，是乱的。最后来了一个画家，要写生它们，给它们安排成一个可以入画的美的位置，——两个靠拢在后方一边，余一个稍离开在前方，——望去恰好的时候，就是所谓"多样的统一"，是美的。要统一，又要多样；要规则，又要不规则；要不规则的规则，规则的不规则；要一中有多，多中有一。这是艺术的三昧境！

宇宙是一大艺术。人何以只知鉴赏书画的小艺术，而不知鉴赏宇宙的大艺术呢？人何以不拿看书画的眼来看宇宙呢？如果拿看书画的眼来看宇宙，必可发见更大的三昧境。宇宙是一个浑然融合的全体，万象都是这全体的多样而统一的诸相。在万象的一点中，必可窥见宇宙的全体；而森罗的万象，只是一个个体。勃雷克〔布莱克〕的"一粒沙里见世界"，孟子的"万物皆备于我"，就是当作一大艺术而看宇宙的吧！艺术的字画中，没有可以独立存在的一笔。即宇宙间没有可以独立存在的事物。倘不为全体，各个体尽是虚幻而无意义了。那末这个"我"怎样呢？自然不是独立存在的小我，应该融入于宇宙全体的大我中，以造成这一大艺术。

（原刊《小说月报》1927 年 8 月 10 日第 18 卷第 8 号。）

精彩一句：

艺术的字画中，没有可以独立存在的一笔。即宇宙间没有可以独立存在的事物。

李梅品鉴：

　　伟大的艺术的特点，是其作为一个整体而存在，如艺术中的书画都是如此。丰子恺先生从观看吴昌硕先生的书法作品入题，向我们展示了他整体性的大艺术观，亦是其宇宙人生的整体感知和观照。

　　他说到，觉得单看各笔划，并不好。单看各个字，各行字，也并不好。然而看这方字的全体，就觉得有一种说不出的好处。原来艺术品的这幅字不是笔笔、字字、行行的集合，而是一个融合不可分解的全体。书法如此，绘画亦如此。中国画的"气韵生动"也是于整体中见出的气象，是一种宏大的气象，这也非得有恢宏的心胸和气度而得见也。丰子恺先生作为一代大师，其为人是宽广和包容的，为艺术乃是用心和敬畏的，如此的宇宙生命情怀成就了其豁达的胸境，是大艺术家所为也，也是大艺术家所感也。

　　"宇宙是一个浑然融合的全体，万象都是这全体的多样而统一的诸相。在万象的一点中，必可窥见宇宙的全体；而森罗的万象，只是一个个体。"作为个体的"我"，应该融入宇宙全体的"大我"中。这是丰子恺先生信仰的生命情怀，也是先生留给我们的深邃的思索。

艺术鉴赏的态度

　　要讲艺术鉴赏，先须明白艺术的性状。人人都知道"艺术"这个名词，他们看见了关于画一类的事，就信口称赞为"艺术的"。可是所谓"艺术"的真意义，了解的人很少。我们的眼，平时容易沉淀于尘世的下层，固着在物质的细部，不能望见高超于尘俗物质之表的艺术。必须提神于太虚而俯瞰万物，方能看见"艺术"的真面目。何谓高超于尘俗物质之表？就绘画而说，画家作画的时候，把眼前的森罗万象当作大自然的一幅幅绘图，而决不想起其各事物的对于世人的效用与关系。画家的头脑，是"全新"的头脑，毫不沾染一点世俗的陈见。画家的眼，是"纯洁"的眼，毫不蒙受一点世智的翳障。故画家作画的时候，眼前所见的是一片全不知名、全无实用而庄严灿烂的全新的世界。这就是美的世界。山是屏，川是带，不是地理上交通上的部分；树是装饰，不是果实或木材的来源；房屋是玩具，不是人类的居处；田野是大地的衣襟，不是五谷的产地；路是地的静脉管，不是供人来往的道；其间的人们的往来种作，都是演剧或游戏，全然没有目的；牛、羊，鸡、犬、鱼、鸟都是这大自然的点缀，不是生产的畜牧，——有了这样的眼光与心境，方能面见"造型美"的姿态。

欢喜感激地把这"美"的姿态描写在画布上，就成为叫做"绘画"的一种艺术。所以艺术的绘画中的两只苹果，不是我们这世间的苹果，不是甜的苹果，不是几个铜板一只的苹果，而是苹果自己的苹果。绘画中的裸体模特儿，不是这世间的风俗、习惯、道德的羁绊之下的一个女人，而是一种造型的现象。

原来宇宙万物，各有其自己独立的意义，当初并不是为吾人而生的。世间一切规则、习惯，都是人为了生活的方便而造出来的。美秀的稻麦招展在阳光之下，分明自有其生的使命，何尝是供人充饥的？玲珑而洁白的山羊、白兔，点缀在青草地上，分明是好生好美的神的手迹，何尝是供人杀食的？草屋的烟囱里的青烟，自己在表现他自己的轻妙的姿态，何尝是烧饭的偶然的结果？池塘里的楼台的倒影自成一种美丽的现象，何尝是反映的物理作用而已？聪明的听者悟到了这一点，即可窥见艺术的美的世界的门户了。

要之，艺术不是技巧的事业，而是心灵的事业；不是世间的事业的一部分，而是超然于世界之表的一种最高等的人类活动。故艺术不是职业，画家不是职业，画不是商品。故练习绘画不是练习手腕，而是练习眼光与心灵。故看画不仅用肉眼，又须用心眼。

用艺术鉴赏的态度来看画，先要解除画中事物对于世间的一切关系，而认识其物的本身的姿态。换言之，即暂勿想起画中事物在世间的效用、价值等关系，而仅赏其瞬间的形状色彩。我们必须首先体验造型美的滋味，然后进于情感美、意义美的鉴赏。这样才是对于绘画艺术的真的理解。见了关于画一类的事就信口称赞为"艺术的"的人，分明是误解艺术，侮辱艺术，并不是真懂得艺术的人。

（1929 年 9 月 10 日为松江女子中学高一讲述。）

精彩一句：

艺术不是技巧的事业，而是心灵的事业；不是世间的事业的一部分，而是超然于世界之表的一种最高等的人类活动。

玉明品鉴：

事物的功能是由事物的性质所决定的，这就是我们通常所说的"体用一体"。艺术应该如何鉴赏？这是由艺术本身的本质所决定的。因此，丰子恺说，"要讲艺术鉴赏，先须明白艺术的性状"。

艺术是人超功利、非世俗的精神文化活动。艺术创作中，艺术家不从事物的关系中看事物，不关心事物对人有何功利性效用，只关注事物本身的存在样态及其内在的精神意蕴。因此，艺术活动中，超脱世俗的陈见，用纯洁的心眼发现艺术表现对象的美是最为关键的。从这个意义上说，艺术确实不是技术的，而是心灵的。这就决定了，艺术欣赏必须用"心眼"，即用超越性的眼光来欣赏作品的颜色、光线、线条和事物的形式结构等所构成的造型美，并进而体验其情感美和意义美。

艺术欣赏者面对艺术时，必须首先要摆脱世俗中的职业、商品的观念，保持纯粹欣赏的自由心态面对艺术和艺术作品。

艺术的效果

艺术的效果，法国美学者特索亚（德索瓦）（Dessoir）曾经详述艺术的职能，说有精神的，社会的，习俗的三种。精神的职能，便是说艺术及于人的精神修养的效果。社会的职能，便是说艺术及于人类的社会组织的效果。习俗的职能，便是说艺术及于人的生活习惯的效果。这样说法很是周详。但我现在欲避去烦琐，作简要的说明。因为对于艺术初学者及非专门者，详论反而无用。而且特氏之说，过分偏重艺术的直接的效果，未免太狭隘了。

艺术常被人视为娱乐的消遣的玩物，这样看来，艺术的效果也就只是娱乐与消遣了。有人反对此说，为艺术辩诬，说艺术是可以美化人生，陶冶心灵的。但他们所谓"美化人生"，往往只是指房屋衣服的装饰；他们所谓"陶冶心灵"，又往往是附庸风雅之类的浅见。结果把艺术看作一种虚空玄妙不着边际的东西。这都是没有确实地认识艺术的效果之故。

艺术及于人生的效果，其实是很简明的：不外乎吾人对艺术品时直接兴起的作用，及研究艺术之后间接受得的影响。前者可称为艺术的直接效果，后者可称为艺术的间接效果。因为前者是"艺术品"的效果，后者是"艺术精神"的效果。

直接效果，就是我们创作或鉴赏艺术品时所得的乐处。这乐处有两方面，第一是自由，第二是天真。试分述之：

研究艺术（创作或欣赏），可得自由的乐趣。因为我们平日的生活，都受环境的拘束。所以我们的心不得自由舒展。我们对付人事，要谨慎小心，辨别是非，打算得失。我们的心境，大部分的时间是戒严的。惟有学习艺术的时候，心境可以解严，把自己的意见、希望与理想自由地发表出来。这时候我们享受一种慰安，可以调剂平时生活的苦闷。例如世间的美景，是人们所爱乐的。但是美景不能常出现。我们的生活的牵制又不许我们去找求美景。我们心中欲看美景，而实际上不得不天天厕身在尘嚣的都市里，与平凡污旧而看厌了的环境相对。于是我们要求绘画了。我们可在绘画中自由描出所希望的美景。雪是不易保留的。但我们可使它终年不消，而且并不冷。虹是转瞬就消失的，但我们可以使它永远常存，在室中，在晚上，也都可以欣赏。鸟见人要飞去的，但我们可以使它永远停在枝头，人来不惊。大瀑布是难得见的，但我们可以把它移到客堂间或寝室里来。上述的景物，无论自己描写，或欣赏别人的描写，同样可以给人心以自由之乐。这是就绘画讲的。更就文学中看：文学是时间艺术，比绘画更为生动。故我们在文学中可以更自由地高歌人生的悲欢，以遣除实际生活的苦闷。例如我们世间常有饥寒的苦患。我们想除掉它，而事实上未能实现。于是在文学中描写丰足之乐，使人看了共爱，共勉，共图这幸福的实现。古来尤数描写田家乐的诗便是其例。又如我们的世间常有战争的苦患。我们想劝世间的人不要互相侵犯，大家安居乐业。而事实上不能做到。于是我们就在文学中描写理想的幸福的社会生活，使人看了共爱，共勉，共图这种幸福的实现。陶渊明的《桃花源记》便是一例。我们读到"豁然开朗，土地平旷，屋舍俨然。有良田美池，桑竹之属。阡陌交通，鸡犬相闻。……黄发垂髫，并怡然自乐。"等文句，心中非常欢喜，仿佛自己做了渔人或者桃花源中的一个住民一样。我们还可在这等文句以外，想象出其他的自由幸福的生活来，以发挥我们的理想。有人说这些文学是画饼充饥，聊以自慰而已。其实不然，这是理想的实现的初梦。空想与理想不同。空想原是游戏似的，理想则合乎理性。只要方向不错，理想不妨高远。理想越高远，创作欣赏时的自由之乐越多。

其次，研究艺术，可得天真的乐趣。我们平日对于人生自然，因为习惯所迷，往往不能见到其本身的真相。惟有在艺术中，我们可以看见万物的天然的真相。例如我们看见朝阳，便想道，这是教人起身的记号。看见田野，便想道，这是人家的不动产。看见牛羊，便想道，这是人家的畜牧。看见苦人，便想道，他是穷的原故。在习惯中看来，这样的思想原是没有错误的；然而都不是这些事象的本身的真相。因为除去了习惯，这些都是不可思议的现象，岂可如此简单地武断？朝阳，分明是何等光明灿烂，神秘伟大的自然现象！岂是为了教人起身而设的记号？田野，分明是自然风景之一部分，与人家的产业何关？牛羊，分明自有其生命的意义，岂是为给人家杀食而生？穷人分明是同样的人，为什么偏要受苦呢？原来造物主创造万物，各正性命，各自有存在的意义，当初并非为人类而造。后来"人类"这种动物聪明进步起来，霸占了这地球，利用地球上的其他物类来供养自己。久而久之，成为习惯，便假定万物是为人类而设：果实是供人采食而生的，牛羊是供人杀食而生的，日月星辰是为人报时而设的，甚而至于在人类自己的内部，也由习惯假造出贫富贵贱的阶级来，视为当然。这样看来，人类这种动物，已被习惯所迷，而变成单相思的状态，犯了自大狂的毛病了。这样说来，我们平日对于人生自然，怎能看见其本身的真相呢？艺术好比是一种治单相思与自大狂的良药。惟有在艺术中，人类解除了一切习惯的迷障，而表现天地万物本身的真相。画中的朝阳，庄严伟大，永存不灭，才是朝阳自己的真相。画中的田野，有山容水态，绿笑红罍，才是大地自己的姿态。美术中的牛羊，能忧能喜，有意有情，才是牛羊自己的生命。诗文中的贫士，贫女，如冰如霜，如玉如花，超然于世故尘网之外。这才是人类本来的真面目。所以说，我们惟有在艺术中，可以看见万物的天然的真相。我们打破了日常生活的传统习惯的思想，而用全新至净的眼光来创作艺术、欣赏艺术的时候，我们的心境豁然开朗，自由自在，天真烂漫。好比做了六天工作逢到一个星期日，这时候才感到自己的时间的自由。又好比长夜大梦一觉醒来，这时候才回复到自己的真我。所以说，我们创作或鉴赏艺术，可得自由与天真的乐趣，这是艺术的直接的效果，即艺术品及于人心的效果。

间接的效果，就是我们研究艺术有素之后，心灵所受得的影响，换言之，就是体得了艺术的精神，而表现此精神于一切思想行为之中。这时候不需要艺术品，因为整个人生已变成艺术品了。这效果的范围很广泛，简要地说，可指出两点：第一是远功利，第二是归平等。

如前所述，我们对着艺术品的时候，心中撤去传统习惯的拘束，而解严开放，自由自在，天真烂漫。这种经验积得多了，我们便会酌取这种心情来对付人世之事，就是在可能的范围内把人世当作艺术品看。我们日常对付人世之事，如前所述，常是谨慎小心，辨别是非，打算得失的。换言之，即常以功利为第一念的。人生处世，功利原不可不计较，太不计较是不能生存的。但一味计较功利，直到老死，人的生活实在太冷酷而无聊，人的生命实在太廉价而糟蹋了。所以在不妨害实生活的范围内，能酌取艺术的非功利的心情来对付人世之事，可使人的生活温暖而丰富起来，人的生命高贵而光明起来。所以说，远功利，是艺术修养的一大效果。例如对于雪，用功利的眼光看，既冷且湿，又不久留，是毫无用处的。但倘能不计功利，这一片银世界实在是难得的好景，使我们的心眼何等地快慰！又如田畴，功利地看来，原只是作物的出产地，衣食的供给处。但从另一方面看，这实在是一种美丽的风景区。懂得了这看法，我们对于阡陌、田园，以至房屋、市街，都能在实用之外讲求其美观，可使世间到处都变成风景区，给我们的心眼以无穷的快慰。而我们的耕种的劳作，也可因这非功利的心情而增加兴趣。陶渊明《躬耕》诗有句云："虽未量岁功，即事多所欣"，便是在功利的工作中酌用非功利的态度的一例。

最后要讲的艺术的效果，是归平等。我们平常生活的心，与艺术生活的心，其最大的异点，在于物我的关系上。平常生活中，视外物与我是对峙的。艺术生活中，视外物与我是一体的。对峙则物与我有隔阂，我视物有等级。一体则物与我无隔阂，我视物皆平等。故研究艺术，可以养成平等观。艺术心理中有一种叫做"感情移入"（德名 Einfühluny，英名 empathy）。在中国画论中，即所谓"迁想妙得"。就是把我的心移入于对象中，视对象为与我同样的人。于是禽兽，草木，山川，自然现象，皆有情感，皆有生命。所以这看法称为"有情化"，又称为"活物主义"。画家用这看法观看世间，则其所描写的山水花卉有生气，有神韵。中国画的最高境"气韵生动"，便是由这看法而达得的。不过画家用形象色彩来把物象有情化，是暗示的；即但化其神，不化其形。故一般人不易看出。诗人用言语来把物象有情化，明显地直说，就容易看出。例如禽兽，用日常的眼光看，只是愚蠢的动物。但用诗的眼光看，都是有理性的人。如古人诗曰："年丰牛亦乐，随意过前村。"又曰："惟有旧巢燕，主人贫亦归。"推广一步，植物亦皆有情。故曰："岸花飞送客，樯燕语留人。"又曰："可怜汶上柳，相见也依依。"再推广一步，矿物亦皆有情。故曰："相看两不厌，只有敬亭山。"又曰："人心胜潮水，相送过浔阳。"更推广一步，自然现象亦皆有情。故曰："举杯邀明月，对影成三人。"又曰："春风知别苦，不遣柳条青。"此种诗句中所咏的各物，如牛，燕，岸花，汶上柳，敬亭山，潮水，明月，春风等，用物我对峙的眼光看，皆为异类。用物我一体的眼光看，均是同群。故均能体恤人情，可以相见，相看，相送，甚至对饮。这是艺术上最可贵的一种心境。习惯了这种心境，而酌量应用这态度于日常生活上，则物我对敌之势可去，自私自利之欲可熄，而平等博爱之心可长，一视同仁之德可成。就事例而讲：前述的乞丐，你倘用功利心，对峙心来看，这人与你不关痛痒，对你有害无利。急宜远而避之，叱而去之。若有人说你不慈悲，你可振振有词："我有钞票，应该享福。他没有钱，应该受苦。与我何干？"世间这样存心的人很多。这都是功利迷心，我欲太深之故。你倘能研究几年艺术，从艺术精神上学得了除去习惯的假定，撤去物我的隔阂的方法而观看，便见一切众生皆平等，本无贫富与贵贱。乞丐并非为了没有钞票而受苦，实在是为了人心隔阂太深，人间不平等而受苦。唐朝的诗人杜牧有幽默诗句云："公道世间惟白发，贵人头上不曾饶。"看似滑稽，却很严肃。白发是天教生的，可见天意本来平等。不平等是后人造作的。学艺术是要恢复人的天真。

（1941 年 1 月 20 日作。选自丰华瞻、戚志蓉编《丰子恺论艺术》，
复旦大学出版社 1985 年版。）

精彩一句：

学艺术是要恢复人的天真。

李梅品鉴：

学艺术是要恢复人的天真，这是丰子恺先生对于艺术的效果的集中评述和总括。天真、童趣、自由这些美好的字眼常常出现在丰子恺先生论艺术或人生的文章里，对天真、童趣的守护和对自由愉悦的心境的追索，构成了丰子恺先生一生的生活理念和艺术实践方向，他时刻都在践行着这一美好的诉求和祈愿。

对于流行的艺术于生活的修饰和美化作用，对于艺术作为附庸风雅的认知，他给予了更正和界说。在先生看来，"艺术品"和"艺术精神"是艺术及于人生的两大效果，一则创作和欣赏中可得自由的乐趣，天真的乐趣；二则研究艺术有素之后，心灵所受得的影响，可谓远功利，归平等。

在丰子恺先生看来，与艺术的接触，也是与自由和天真的触碰，是与趣味的相遇，更是与人的天性相接近，归于平等的心境和胸怀，广及于整个的人生。可见，艺术之于人生，影响深远也，艺术孕育和塑造率性而真的人生更是关键。

艺术教育的原理

　　我是一个图画教师，我曾担任过好几个普通学校的图画科，觉得中国现在普通学校的艺术科，都不能奏它的效果。这恐是因为办学人和艺术科教师对于艺术科的误解的缘故。不要说内地，就是通都大邑的普通学校的艺术科，也大半是误解着。

　　图画科是艺术科的中心点，决不可让它误解过去；而现在一般普通学校的艺术科，对于图画科的误解尤加多，我因此想把平日的见闻和研究拉集拢来做一篇文章，讨论一下。

　　我看来中国一大部分的人，是科学所养成的机械的人；他们以为世间只有科学是阐明宇宙的真相的，艺术没有多大的用途，不过为科学的补助罢了，这一点是大误解。这种误解的证据我有几个实例：我从前曾在两个有体操专科的学校担任图画科，主任者聘我的时光对我说道：画材要选择体操用具或动作姿势的，可以使学生得着实用。这样宗旨，不是图画科，却是"体操插图画法"了；还有一个学校要我用博物标本当画材，说道可以使学生得着实用；还有一个学校，主任先生看见学生画的木炭画，说道这龌龊的东西，有什么好处？又说道这种画一文也不值，它的纸倒费去七八分大洋。就我所感受到的三个证据，可以推想一般主持教育者都有把艺术科想作科学的补助品的误解的；不但图画，手工科的误解也不少。我曾听见说：有人参观某校，这校中的会客室中的椅子都是学生们木工课内自制的，便赏赞不已；这种观念都是艺术科的误解。要订正这种误解，须要使得明白艺术教育的原理；要明白艺术教育的原理，请先讨论艺术与科学的分别和艺术教育的意义。

科学固然说是给我们人类幸福的，又是阐明宇宙真相的，然而所谓真相两个字，非常难讲，到底怎么样可叫做真相，还是一个问题。科学都是从假定（presupposition）上立论的：譬如物理学者，一定先假定世间确有分子的物质的存在，然后可以立脚得住，实行他的研究。这基本的假定一动摇，物理学全部便推翻了；他如研究历史的，也必先假定人类是大皆有意识（consciousness）的，他们看见了人的表情的变化，以为这种物的现象的背面，确有意识存在；又如研究社会学者，使人们勤职务，计幸福，他们假定幸福确是可企图的，尽自己的义务确是有价值的。这种假定是否正确，还是一个问题，就是科学者所谓宇宙的真相，到底是不是真相也是一个问题。

科学是根据了一种假定来阐明宇宙的真相的，艺术却是不根基于假定来阐明宇宙的真相的：譬如一张海的画，这是用艺术的方法来说明海的真相。但科学者却不以为然，一定说要把海水蒸发了变成盐分和水分等，或又把波浪的运动用物理的方法说明起来，然后说是海的真相。又如一块石，艺术者画了一块石，表示石的真相。科学者定要把石打得粉碎，说明它含着云母长石……等成分，以为是石的真相。如今且看，到底画中的海和石是真相呢？还是水分盐分和长石云母是真相？这可以说科学的不是真相，因为一则科学所谓真相，是从假定上立脚的，假定的正确与否，还没晓得，二则科学把海水分作水分盐分，把石子分作云母长石，这时候不是表示海和石子的真相，是从海和石子移到了别种的东西盐分水分云母长石上去。艺术的画，倒是表示当时所看见的海和石子的真相的。

科学者看见海的画和石的画，说道这不是真相，只有科学所表示的是真相，艺术所表示的和实际的世界相去甚远，用这样偏见的头脑来排斥艺术，也是一个大误解，原来科学和艺术，是根本各异的对待的两样东西，艺术科的图画，有和各种科学一样重大的效用，决不是科学的补助品，决不可应用在植物标本画或体操姿势图上，同科学联关于实现的。原来艺术科有多大的独立的价值，可以证明如下：

凡事有没有真的价值，都要经过最高法庭的审判的，这最高法庭便是哲学。科学和艺术的争论，也要拿到这最高法庭去审判过。审判的结果，可以分明科学所示的，并不是事物的真相。譬如一块石，科学者把它打得粉碎，分出云母长石来，科学者以为是明示石的真相了，其实石是石，云母长石是云母长石，它们是两件事物，不过有关系的，决不是长石云母可以说明石的真相的；又如科学者依定理测知水是由汽变成的，水再冷将变冰的，这也不是水的真相，是水的未来和过去的变化或者水的原因结果。原来最高的真理，是在乎晓得物的自身，不在乎晓得它的关系或过去未来或原因结果，所以物的真相，便是事物现在映在吾人心头的状态，便是事物现在给与吾人心中的力和意义。

我们想求事物的真相，科学并不把事物的真相来示我们，却把这事物的关系或过去未来或原因结果来示我们。这非但不是向事物的真相走近来，却是把我们从事物的真相上拉远去，把我们拉到别的事物的身上去。

这样看来，科学者非但不示物的真相，而且遮蔽物的真相，可以断定一句：科学所示，不是物的真相。

然则宇宙的真相是怎么样的呢？依哲学的论究，是"最高的真理，是在晓得事物的自身，便是事物现在映于吾人心头的状态，现在给于吾人心中的力和意义"——这便是艺术，便是画。

因为艺术是舍过去未来的探求，单吸收一时的状态的，那时候只有这物映在画者的心头，其他的物，一件也不混进来，和世界一切脱离，这事物保住绝缘的（isolation）状态，这人安住（repose）在这事物中；同时又可觉得对于这事物十分满足，便是美的享乐，因为这物与他物脱离关系，纯粹的映在吾人的心头，就生出美来。

本了这理论来实施艺术教育的手段，便是要使学生了解艺术的绝缘的方法，譬如描写图画的模型 model，第一要使他们不可联想到实用上去，但使描出当时瞬间的印象。看画的时候，也要注意使心安住在画中，但赏画的美，决不可问画中的路通哪里，画中的人姓甚，画中的花属何科，否则他们仍旧不算懂得艺术科。而且他们所描的画，所看的画，都值得一幅历史地理博物的插图，变了科学的一部分，还有什么艺术的价值呢？这个话似乎欲望太奢，又似太近理想，其实我仔细想来，非这样办法，不能满足地奏艺术教育的效果的。

艺术教育的疏忽的损失，似微而实大。美国是偏重实际的国家，专门在原因结果的系统中教育青年，结果使人民变了机械的枯燥的生活，影响到社会很大。近来觉悟了这弊害，提倡艺术教育的呼声甚高。中国的社会程度，根本远不如美国的坚实，艺术教育的疏忽却又甚于美国，实在是前途的危机，那末提倡艺术教育，当然是急务。

所以我们可以下一个断语，科学是有关系的（connection），艺术是绝缘的（isolation），这绝缘便是美的境地——吾人便达到哲学论究的最高点，因此可以认出知的世界和美的世界来。

以上的论证的结果，科学所示不是真相，艺术所示，确是真相，又生出一个美字来，因此我们就分了知的和美的两个世界。科学和艺术非但不相附属，而且是各一世界的，有关系的是知的世界，绝缘的是美的世界，所以我们看一幅风景画时候，完全的灌注精神在这画中，并不想起画以外的东西，画的镜框，简直是把人世隔绝的东西，我们但在画里鉴赏它的美，并不问画中的山路通哪处，画中的农夫是怎样的人，画中的山的背面有否住人，更不想这画的材料怎么样，值多少钱了。又我们作画时，眼前的风景，我们但感得它的形状、调子、色彩和表情，决不想到这地方是属何省何县的，这山有什么出产等关系的事体的，因为我们看画作画时，已迁居到另一个世界——美的世界——上去，这世界和别的世界完全断绝交通的。

概括艺术和科学的异同，可说：（1）科学是连带关系的，艺术是绝缘的；（2）科学是分析的，艺术是理解的；（3）科学所论的是事物的要素，艺术所论的是事物的意义；（4）科学是创造规则的，艺术是探求价值的；（5）科学是说明的，艺术是鉴赏的；（6）科学是知的，艺术是美的；（7）科学是研究手段的，艺术是研究价值的；（8）科学是实用的，艺术是享乐的；（9）科学是奋斗的，艺术是慰乐的。二者的性质绝对不同，并且同是人生修养上所不可偏废的。

把图画科看作其他科学的补助品，那么，艺术附属在科学里面去，学生的精神上，缺少了一项艺术的享乐的和安慰的供给，简直可说变成了不完全的残废人，不可称为真正的完全的人。因为这种艺术的安慰，实际上可以不绝地使我们增加作事上的努力。譬如图画、唱歌、游戏，不明白艺术教育的人都以为是模仿小孩子的嬉戏罢了，没有多大的价值，删除了这种功课，使他们专心攻究正课，看来好像得益的，其实损失多了。

艺术教育的原理是因为艺术是人生不可少的安慰，又是比社会大问题的真和科学知识的真更加完全的真，直接了解事物的真相，养成开豁胸襟的力量，确是社会极重要的事件。

（原刊《美育》1922 年 4 月第 7 期。）

精彩一句：

艺术教育的原理是因为艺术是人生不可少的安慰，又是比社会大问题的真和科学知识的真更加完全的真，直接了解事物的真相，养成开豁胸襟的力量，确是社会极重要的事件。

玉明品鉴：

有感于国人对于艺术教育作用的功利化心理，丰子恺从艺术与科学的不同，深入揭示了艺术教育的非功利原理和重要的人生功能。援引德国心理学家、美学家雨果·闵斯特伯格审美"孤立说"的观点，丰子恺剖析、论证了科学与艺术的不同。他认为，科学知识对事物的分析性认识，并不能真正揭示事物的真相，反而是艺术对事物的"绝缘"地、整体地把握是真实的。不仅如此，艺术"绝缘"地把握事物，是对事物之美的发现和表现，这使艺术美成为了人生必需的、重要的精神安慰。因此，艺术不仅比科学更真实，还有缓和人生痛苦，安慰人生的重要作用。

要求艺术从科学求真中超越出来，重视艺术对人生的精神价值，丰子恺这个观点迄今都不失其意义。

桂林艺术讲话之一

今年春间在汉口开幕的中国国民党临时全国代表大会的宣言中，有这样的话："抗战时期必不可忽者有二义：'其一为道德之修养，其二为科学之运动。'"关于道德修养一项下，引证许多圣贤遗教；归根于"提高国民之精神，以仁爱为本"。

孟子曰："仁者无敌。"孔子曰："一言兴邦。"这宣言大约是抗战胜利建国成功的原动力了！我在报上看到时特别注意，而且欣慰。现在就借它作为引子，来说明艺术以仁为本，艺术家必为仁者之理。请在座诸艺术家认明艺术的性状，觉悟自己的地位，而起来共负抗战建国的重任。

艺术以仁为本，这道理不必引证高论，只在平日的静物写生中即可看出。画家对静物写生，对于该静物的看法与平常不同，不当它们是供人用的东西，而把它们看作独立自主的存在物。三个苹果，在画家眼中，不是人类为供食用而培植起来的水果，而是无实用的一种自然现象。换言之，这些苹果不是供人吃的苹果，而是苹果自己的苹果。这样，才能用净眼看出苹果的真相而描出其形状色彩的美态。因此画家对于静物，常把它们看作活物，想象三苹果是同画家自己一样有生命有情感的人，然后观察其姿势态度，作生动的描写。故布置这三只苹果，煞费苦心：太挤近了怕它们不舒适，太隔远了怕它们不便晤谈，太散乱了怕它们不联络，太规则了又怕它们嫌严肃。必须当它们是三个好友晤谈一室中，大家相对，没有一人向隅；大家集中，没有一人离心。这样，才是安定妥帖的布置，才能作成美满的画。

又如一把茶壶与两只茶杯，在画家眼中，不是人类为了饮茶的实用而制造出来的器什，而是一种天生的自然现象。换言之，这些不是供人用的茶具，而是茶具自己的茶具，因此画家对于茶壶茶杯，也当作有生命的活物看。或竟当作与画家同类人物而布置。他们想象茶壶是一位坐着的母亲，两只茶杯是母亲膝下的两小儿。两小儿挤得太近了，怕母亲不舒服；两小儿离得太远了，怕母亲不放心。必使恰好依依膝前，才是安定妥帖的景象，才能作成美满的画。

不但静物如此，描风景画也必把山水亭台当作活物看，才能作成美好的画。这技术在中国叫做"经营置陈"，在西洋叫做"构图"（composition）。这看法在中国叫做"迁想妙得"，在西洋叫做"拟人化"（personification）。德国美学者则称之为"感情移入"（Einfühlungtheorie）。所谓拟人化，所谓感情移入，便是把世间一切现象看作与人同类平等的生物。便是把同情心范围扩大，推心置腹，及于一切被造物。这不但是"恩及禽兽"而已，正是"万物一体"的大思想——最伟大的世界观。

"万物一体"是中国文化思想的大特色，也是世界上任何一国所不及的最高的精神文明。古圣人说："各正性命。"又曰"亲亲而仁民，仁民而爱物"，可见中国人的胸襟特别广大，中国人的仁德特别丰厚。所以中国人特别爱好自然。远古以来，中国画常以自然（山水）为主要题材，西洋则本来只知道描人物（可见其胸襟狭，眼光短，心目中只有自己），直到十九世纪印象派模仿中国画，始有独立的风景画与静物画。所以前述的"拟人化"的描写，在中国诗文中特别多用。例如："感时花溅泪，恨别鸟惊心。""岸花飞送客，樯燕语留人。""蝶来风有致，人去月无聊。""蜡烛有心还惜别，替人垂泪到天明。"等句，不胜枚举。这都是用"万物一体"的眼光观看世间而说出来的。若用西洋人的褊狭的眼光来看，则花鸟只是装饰物与野味，月亮只是星球，蜡烛只是日用品，全无艺术的芬芳了。故中国是最艺术的国家，"万物一体"是最高的艺术论。

艺术家必须以艺术为生活。换言之，必须把艺术活用于生活中。这就是用处理艺术的态度来处理人生，用写生画的看法来观看世间。因此艺术的同情心特别丰富，艺术家的博爱心特别广大，即艺术家必为仁者，故艺术家必惜物护生。倘非必不得已，决不无端有意地毁坏美景，伤害生物，一片银世界似的雪地，顽童给它浇上一道小便，是艺术教育上一大问题。一朵鲜嫩的野花，顽童无端给它拔起抛弃，也是艺术教育上一大问题。一只翩翩然的蜻蜓，顽童无端给它捉住，撕去翼膀，又是艺术教育上一大问题。我们所惜的，不是雪地本身，不是野花本身，不是蜻蜓本身，而是动手毁坏或残杀的人的"心"。雪总是要溶化的，花总是零落的，蜻蜓总是要死亡的，有什么可惜呢？所可惜者，见美景而忍心无端破坏，见同类之生物而忍心无端虐杀，是为"不仁"，即非艺术的。这点"不仁"心推广起来，可以杀人，可以变成今日世间杀人放火的法西斯暴徒！坚冰履霜，可不慎哉？

我十年前曾作护生画集，劝人护生惜物。这画已经印了十余万册，最近又被人译作英文，推销于欧美。过去有的人说我不懂一滴水里有无数微生物，徒然劝人勿杀猪羊。有的人说我劝人勿杀苍蝇，将使虎疫杀人。有的人怨我不替穷人喊救命，而为禽兽护生，这种人太浅见。仁者的护生，不是惺惺爱惜，如同某种乡里吃素老太太然。仁者的护生，不是护物的本身，是护人自己的心。故仁者有"仁术"。仁术就是不拘泥于事物，而知权变，能活用的办法。能活用护生，即能爱人。"恩足以及禽兽而功不至于百姓"的齐宣王，还是某种乡里吃素老太太之流，乃循流忘源，逐末忘本之徒。护生的本源，便是护心。这在该画集的序文中分明说着，还请读者注意。

艺术以仁为本，艺术家必为仁者。其理已如上述。我们所须努力者，是艺术的活用。我们要拿描风景静物的眼光来看人世，普遍同情于一切有情无情。申言之，艺术家的目的，不仅是得一幅画，一首诗，一曲歌，而是借描画吟诗奏乐来表现自己的心，陶冶他人的心，而美化人类的生活。不然，舍本逐末，即为画匠，诗匠，乐匠，可称为"齐宣王式的艺术家"。

所以"艺术家"不限于画家、诗人、音乐家等人。广义地说，胸怀芬芳悱恻，以全人类为心的大人格者，即使不画一笔，不吟一字，不唱一句，正是最伟大的艺术家，体会"自古皆有死，民无信不立"之理，而在这神圣抗战中见义勇为，作壮烈之牺牲者，正是最伟大的艺术家之一。

艺术以仁为本，艺术家必为仁者。在座诸艺术家，务请认明艺术的性状，觉悟自己的地位，而起来共负抗战建国的重任！

（1938 年夏作。选自《子恺近作散文集》，成都普益图书馆 1941 年版。）

精彩一句：

艺术家的目的，不仅是得一幅画，一首诗，一曲歌，而是借描画吟诗奏乐来表现自己的心，陶冶他人的心，而美化人类的生活。

连祥品鉴：

学术界称丰子恺是"居士"和"斗士"。抗战前的缘缘堂时期，丰子恺过的是典型的"居士"生活，而抗战期间的丰子恺则成了"斗士"。其实，丰子恺仍是一位艺术化了的"斗士"。1938 年夏，丰子恺应邀到桂林为广西全省中学艺术教师暑假训练班讲授艺术。《桂林艺术讲话之一》就是根据第一次讲座整理成文的。

丰子恺认为，艺术家的生活应处处洋溢着艺术精神，必须把艺术活用于生活中。这就是用处理艺术的态度来处理人生，用写生画的看法来观看世间。他主张，艺术家的同情心应特别丰富，艺术家的博爱心要特别广大。艺术家应该是"仁者"，要努力做到惜物护生。

即使国难当头，丰子恺仍念念不忘以艺术为本位。丰子恺一以贯之，倡导永远的艺术精神。

桂林艺术讲话之二

多数人对于"艺术"的观念，一向"糊里糊涂"。只要看他们的乱用"艺术的"三个字，便可知道。正确的称之为"科学的"，善良的称之为"道德的"，他们都不会弄错。独有"艺术的"一语，多数人都在乱用：他们看见华丽就称之为"艺术的"，看见复杂就称之为"艺术的"，看见新奇就称之为"艺术的"，甚至看见桃色的东西也称之为"艺术的"。听的人也恬不为怪。

而在另一方面，艺术家管自尊崇艺术，称之为"灵感的""神圣的"事业。教育部颁行课程标准，也说艺术科可以"陶冶感情"，"美化人生"，"涵养德性"。听的人也恬不为怪。倘使两方都不错的话，那么华丽、复杂、新奇、桃色的东西，难道真能陶冶感情，美化人生，涵养德性，而为灵感的神圣的事业吗？可见艺术到底是甚样的一种东西，多数人弄不清楚，一向糊里糊涂。现在我们非加以清理不可。

艺术的性状特别，内容很严肃而外貌又很和爱，不像道德法律等似的内外一致。因此浅见的人容易上当，以为艺术只是一种消闲娱乐的装饰品。好比小孩子初次看见金鸡纳霜片，舐舐看甜津津的，只当它是一粒糖，不知道里面含有药。只当它是糖果之类的闲食，不知道它有歼灭病菌，澄清血液，健康身体的大功用呢。所以现在我们要清理艺术观念，非把这颗金鸡纳霜打开来，使糖和药分别一下不可。

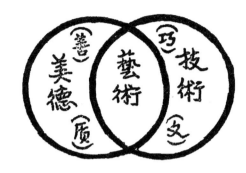

打开金鸡纳霜来一看，发现糖衣和药粉。打开艺术来一看，发现技术和美德。技术和美德合成艺术，其关系如图所示。

所谓"美德"，就是爱美之心，就是芬芳的胸怀，就是圆满的人格。所谓"技术"，就是声色，就是巧妙的心手。先有了爱美的心，芬芳的胸怀，圆满的人格，然后用巧妙的心手，借巧妙的声色来表示，方才成为"艺术"。先有了可贵的感想，再用巧妙的言语来表出，即成为好诗。用巧妙的形状色彩来表出，即成为好画。这好诗与好画便是好"艺术"。不然，倘只有美德（即只有可贵的感想）而没有技术（即巧妙的心手），其人固然可敬，但还未为艺术家。反之，倘只有技术而没有美德，其人的心手固然巧妙，但不能称为艺术家。他们只是匠人。现今多数人的误谬，就是错认匠人为艺术家。故艺术必须兼有巧妙的形式和可贵的内容，即艺术家必须兼有技术和美德。

举实例来说，岳飞的《满江红》是很好的艺术品。因为"怒发冲冠，凭阑处、潇潇雨歇……莫等闲白了少年头，空悲切……驾长车踏破、贺兰山缺。壮志饥餐胡虏肉，笑谈渴饮匈奴血……"词意慷慨激昂，音节铿锵有力，使人读了发生无限的感动与兴奋。这《满江红》充分兼有技术与美德，故为高贵的艺术。又如西班牙现时画家加斯推拉（Castelao）描写叛军轰炸无辜平民的惨象，用笔周详，描写生动，构图妥帖，而用心仁慈隐恻，立意深远伟大，使人看了感到无限的愤慨与奋勉。（我曾见过一幅描写轰炸后掩埋尸体之景象，题曰"他们埋的是种子，不是死尸"，又一幅描写先生被炸死，小学生在旁哭泣，题曰"教师的最后一课"。我看了深为感动。）这些画充分兼有技术与美德，故为可贵的艺术。

由此可知真正的艺术，必兼备"善"和"巧"两条件。善而不巧固然作不出艺术来，巧而不善更没有艺术的资格。善而又巧，巧而又善，方可称为艺术。

故徒然悦人耳目，而对人没有启示的，不是艺术；徒然供人消遣，而对人没有教训的，不是艺术。旧说，艺术分为八类，即绘画，雕塑，建筑，工艺，音乐，文学，舞蹈与演剧。新中国的艺术，应该改订其分类法：例如有美丽形式与深刻的教训者，称为艺术品。只有美丽的形式，而内容不含何种启示或教训者，则称为"技术品"。免得使人糊里糊涂，玉石不分；遂使据一技之长者，自命为教授，为机变之巧者，冒充艺术家，害己害人，误民误国！

艺术家的修养功夫，由此亦可想而知：先须具有芬芳的胸怀，高尚的德性，然后磨练听觉、视觉、筋觉。如此，方可成为健全的艺术家。即如前图所示："美德"与"技术"两圆相交，其叠合的部分方为"艺术"。但在修养上，两者的先后与重轻，亦非郑重分别不可：欲为艺术家者，必须先修美德，后习技术；必须美德为重，而技术为轻。何以言之？因为具足美德而缺乏技术，其人基础巩固，虽不能为成全的艺术家，自不失为高尚善良的一个"人"。人不是一定要做艺术家的。反之，倘学会了技术而缺乏美德，其人就不能正当地应用其技术，误用技术，反而害人。（淫乐淫画的作者，淫书的著者，谄媚拿破仑的画家 David〔大卫〕，以诗交结日本人的汉奸黄濬等，皆是其例。）这可借孔子的话来说明。孔子曰："质胜文则野，文胜质则史，文质彬彬，然后君子。"质是忠诚的质地，文是才智的修饰。孔子说：忠诚胜于才智，则为鄙略（即野）；才智胜于忠诚，则为机巧（即史）。必须忠诚与才智均等具足（即彬彬），方才可为君子。先贤注释曰："义质不可以相胜，然质之胜文，犹之甘可以受和，白可以受采也。文胜而至于灭质，则其本亡矣。虽有文将安施乎？然则与其史也宁野。"这话正好借来说明他的艺术论。"质"犹美德也，"文"犹技术也。"文质彬彬然后君子"，犹美德与技术兼备方为艺术家也。"质胜文则野"，犹美德胜于技术，不失为善良之人也。"文胜质则史"，犹技术胜于美德，而为机巧之徒也。先贤说："与其史也宁野。"现在我可模仿他说：新中国的艺术学者，与其为机巧之徒，毋宁为善良之人。

（1938 年夏作。选自《子恺近作散文集》，成都普益图书馆 1941 年版。）

精彩一句：

先有了爱美的心，芬芳的胸怀，圆满的人格，然后用巧妙的心手，借巧妙的声色来表示，方才成为"艺术"。

连祥品鉴：

本文是讲艺术的内容与技巧的。丰子恺认为，完整意义上的艺术应是芬芳的"艺术心"和娴熟的艺术技能的完美结合。技能是从属性质的，一味追求技能，不注重作为主体的"艺术心"，只能得到艺术的皮毛。

不管是从事艺术教育、艺术创作和艺术欣赏，首先要有"美德"，就是爱美之心，就是芬芳的胸怀，就是圆满的人格。其次要会"技术"，就是声色，就是巧妙的心手。

孔子曰："质胜文则野，文胜质则史，文质彬彬，然后君子。"丰子恺对这则圣言进行了诠释。"质"便是"美德"，"文"就是"技术"，只有"文质彬彬"，才是完美的艺术。

桂林艺术讲话之三

艺术应该是活的。所谓活的艺术，就是能活用于万事，而与人生密切关联的艺术。不是那种死的艺术——手指头上的雕虫小技，感觉游戏的立体派，奇离古怪的未来派，以及感情麻醉的吟风弄月，无病沉吟的颓废艺术。

然而我所谓死的艺术，不一定是一般人所称为"为艺术的艺术"。我所谓活的艺术，也不一定是一般人所谓"为人生的艺术"。我以为这两个名称不甚妥当。供欣赏而无直接用处者，就称之为"为艺术的艺术"而排斥之；含讽刺代呐喊而直接涉及社会问题者，就称之为"为人生的艺术"而推崇之，所见未免太偏，拘泥于"事"而不能活用其"理"，可称之为"死的艺术论"。死的艺术论与死的艺术同样的不健全。

数学教人 1+2=3。人就能活用数学：打下一架飞机，又打下两架飞机，知道一共打下三架飞机。体育教人掷铁球，人也能活用体育：一个手榴弹掷中数丈外的坦克车。数学和体育都可活用，为什么艺术拘泥于一幅画与一曲歌，而不活用呢？数学的高深者，如几何三角微分积分，实用极少，哪一个天天要用几何三角微分积分呢？然而学生非修不可。盖欲借此锻炼头脑，使思想清楚正确也。体育中的翻铁杠撑竿跳，实用也很少，哪一个必须在生活中常常翻铁杠或撑竿跳呢？然而学生非练不可。盖欲借此锻炼肢体，使身手强健敏捷也。同理，艺术中的图画音乐，实用也不多，有谁在生活中必须常常画图唱歌呢？然而学生非学不可，盖欲借此涵养德性，使生活美化也。故艺术科的主要目的物不是一张画一曲歌，而是其涵养之功。有些人不识此旨，而斤斤于描写与弹唱，展览会与演奏会，甚至生吞活剥地教授技术，临渴掘井地筹备出品，遂使艺术变成与生活无关的虚饰品，与人格无涉的小技巧，良可叹也。

欲明艺术的活用，可举绘画中的构图法为实例而论证。构图就是画面物象的布置，在中国画中称为经营置陈。一种物象描在一幅画中，决定其位置的高低，偏正，疏密，背向，须下一番工夫，然后妥帖安定，使人看了心生美感。这比古人安插瓶花更费踌躇，比美人对镜理妆更费评量。故尽美尽善的构图，图中各物不能移动一分，不能移转一度。有如宋玉东家的窥墙玉女，"增之一分则太长，减之一分则太短"。所谓"恰到好处"也。例如要描三只苹果。这三块圆形的东西在一张长方形的纸里如何安排，是作画者最初的一个大问题。给它们均匀地并列在画中，好似寺里的三尊大佛一般，则嫌其呆板。这不像一幅画，恰像水果摊的一部分，故不可取。给它们疏散起来，东一个，西一个，高一个，低一个，好似机关枪弹子洞一般，则又嫌其太散乱。这也不像一幅画，恰像打翻了的水果摊，故又不可取。前者失之于太规则，后者失之于太不规则。过犹不及，皆不可取。适中之道，是使三个苹果有条理而不呆板，有变化而不散乱，离而集中，和而不同。这才成为艺术的构图。这答案不止一种，你有你的布置法，我有我的布置法。但秘诀则一：只要把三个苹果当作三位好朋友看，设想他们是有知有情的三个人，欢聚于一室之中。如此，则随你调来调去，作种种布置，无往而不是艺术的构图（今但举一例如图）。

因为当作晤谈一室的三个人看，你决不会教它们并列如兵操，远离如防贼，或相背如向隅；必使它们相亲相近，相向相对，而又保住恰度的距离与方向，出于自然。凡出于自然者，皆有艺术味。这在构图法中叫做"多样统一"。

多样统一，似是一句矛盾的话。既欲其多样，又欲其统一。即既欲其有规则，又欲其不规则。但事实则甚和谐。故这种矛盾不但不禁，反而可贵，这种矛盾不但艺术上有之，一切人事上都有，而且非有不可。用这"多样统一"的方法来处理人事，便是我所谓艺术的活用。请举几个事例来说：

淳于髡问孟子曰："男女授受不亲，礼欤？"孟子曰："礼也。"曰："嫂溺，则援之以手乎？"曰："嫂溺不援，是豺狼也。男女授受不亲，礼也。嫂溺援之以手者，权也。"礼就是统一，权就是多样。嫂溺援之以手就是多样统一的活用。

孔子也有同样教训：叶公语孔子曰："吾党有直躬者，其父攘羊，而子证之。"孔子曰："吾党之直者异于是：父为子隐，子为父隐，直在其中矣。"叶公所谓其父攘羊而子证之，是直而不知权变，是统一而不多样。孔子所谓父为子隐，子为父隐，是直而有节度，正是多样统一的活用。

曾子少年时也不懂得这多样统一的活用法，有事为证：曾子耘瓜，误斩其根。其父皙大怒，用大棒打曾子。曾子昏倒在地，醒来，知道自己不谨，使父动怒，立刻起来，勉强走进室内，弹起琴来，盖曾子是个大孝子，恐防父亲打倒了儿子之后，心中后悔。所以特为弹琴，使父亲听见琴声，知道儿子没有被打死，便可放心。次日，曾了去见孔老夫子。孔老夫子拒绝他，说他不孝，故不见。曾子自以为昨日的行为是大孝了，正想得夫子称赞，不料反因不孝被拒，真是出乎意表。他请问罪状，孔夫子派人出来对他说：从前舜侍奉他的老子瞽瞍，要他当差使时他总在侧，要杀他时他总不在侧。孝亲应该小杖则受，大杖则避。你昨天不避大杖，几乎被父亲打死，你犹之杀了父亲的儿子，使他绝嗣。你是大不孝了（事见《孔子家语》）。曾子的孝，不知权变，是统一而不知多样的例。

关于曾子，我又想起一个多样而不知统一的例：曾子病重了。学生乐正子春及儿子曾元等坐在榻旁侍奉。一个童子拿着蜡烛坐在角落里。童子说："这条席子很华美，是大夫所赐的吗？"子春叫他勿做声。曾子听见了，问童子说什么。童子又说了一遍。曾子说："是的，这是大夫季孙赐给我的，我还没有换去，元！给我易簧吧！"曾元说："父亲的病重了，变动不得。倘幸而能挨到明天早晨，我们再来换席。"曾子说："你的爱我，不及这童子。君子爱人以德，小人则爱人以姑息。我不要姑息，只要正道而死，就好了。"于是曾元等扶他起来易簧，易簧后没有躺下就逝世了（事见《檀弓》）。躺在大夫所赐的席上临终，乃非理。易簧是理。乐正子春和曾元等因见曾子病重，力求变通，将使曾子死于非理，便是只愿多样而忘却了统一。二十四孝中的孝，有许多是呆板而不知权变，统一而不知多样的孝。像王祥卧冰得鲤，吴猛恣蚊饱血，郭巨为母埋儿，乃其尤者。

可知多样统一为人生处世之达道。今日前方将士抗战杀敌，并不见敌便杀。对于反战投诚的俘虏，非但不杀，且加优待。这可谓深知权变，善能活用多样统一之理，是大艺术。国风好色而不淫，小雅怨悱而不乱，吾中国在远古就有这种大艺术的示范了。

孔子曰："礼云礼云，玉帛云乎哉？乐云乐云，钟鼓云乎哉？"盖礼以敬为本，乐以和为本，玉帛钟鼓不过其外形。敬与和的活用，普遍于一切天理人事。关于这点，程子说得很有趣："礼只是一个序，乐只是一个活。只此两字，含蓄多少义理！天下无一物无礼乐。且如置此两椅，一不正便是无序，无序便乖，乖便不和。又如盗贼，至为不道。然亦有礼乐。必有总属，必相听顺，乃能为盗。不然，则判乱无统，不能一日相聚而为盗也。礼乐无处无之，学者须要识得！"

礼乐无处无之，即多样统一无处无之，即艺术无处无之。故艺术随处可以活用，艺术必须是活的。"艺术云艺术云，描画唱歌云乎哉？"

（1938 年夏作。选自《子恺近作散文集》，成都普益图书馆 1941 年版。）

精彩一句：

艺术应该是活的。所谓活的艺术，就是能活用于万事，而与人生密切关联的艺术。

李梅品鉴：

"艺术应该是活的"，丰子恺先生开篇即亮出了他的"大艺术"观。肯定和否定总是相对而生的，有了对"活的艺术"观的肯定，也便运生出了对"死的艺术"观的否定。正如他自己所明确的那样，所谓活的艺术，就是能活用于万物，而与人生密切关联的艺术；死的艺术，依据他的解释，可理解为指头间的雕虫小技，如感觉游戏的立体派，离奇古怪的未来派，以及无病呻吟的颓废艺术。

有什么样的艺术观，便有什么样的艺术实践，丰先生主张艺术与人生的密切关系，主张将艺术积极地融入生活，介入生活万物，以期实现两者的契合和互促，这也是他一生都在坚守的艺术之心和理念信仰。他的漫画，有蕴含家人孩童的玩趣，有邻里乡间的风趣，亦有战事紧张时的愁绪和担忧，有国事安定的礼赞，更有对家国前途的顾虑。出于如此多变的心绪和纷扰的外界生活所扰，使得他笔下的人物丰富多样，或天真活泼、生动风趣，或忧郁愁苦、茫然忧虑，但共同的特征，便是透着先生内心深处的那份对人类"至善""至真""至美"之境的深深探索和坚守，即使描画动物，也透着万分的同情之心和爱抚之情。

关于学校中的艺术科
——读《教育艺术论》

现在的所谓"艺术科"——图画、音乐等——处于与二十年前的"修身科"同样的情形之下了。善与美，即道德与艺术，是人生的全般的修养，是教育的全般的工作，不是局部的知识或技能。故分立一修身科，似乎其他的教育与道德无关；分立一艺术科，也似乎其他的教育与艺术无关。循流忘源，终于大悖教育之本旨与设科之初意，于是产生了一种机械的、不合理的图画音乐科的现象。先生都应该负训育的责任，善的教育可以融入一切各科中，这是合理的教育法。同样，描画与唱歌弹琴的练习尽管有，但先生照理也应该都负艺术的陶冶的责任，艺术科不限于图画音乐，艺术教育也应该融入一切各科中，方为合理的教育法。

试翻阅教育部所规定的课程标准，或各学校的学科细则等，在艺术科的宗旨的项下，必定有"涵养美感""陶冶身心""养成人格"一类的话。这原是正当的、堂堂的艺术教育的宗旨。请先就其教育的原理约略检点一下：

教育，简言之，就是教儿童以对于人生世界的理解，即教以对于人生世界的看法，换言之，即教以人生观、世界观。人生非常崇高；世界非常广大。然看者倘然没有伟大的心眼，所见就局限于一面，必始终不能领略这崇高的人生与广大的世界，而沉在黑暗苦恼之中，相与造成黑暗苦恼的社会与世界了。这崇高、广大的人生与世界，须通过了真善美的理想而窥见。教育是教人以真善美的理想，使窥见崇高广大的人世的。再从人的心理上说，真、善、美就是知、意、情。知意情，三面一齐发育，造成崇高的人格，就是教育的完全的奏效。倘有一面偏废，就不是健全的教育。

科学是真的、知的；道德是善的、意的；艺术是美的、情的。这是教育的三大要目。故艺术教育，就是美的教育，就是情的教育。学校中各种知识的学科都是真的方面的，各种教训都是善的方面的。所谓艺术科，就是美的方面的。故艺术科在全体学科中，实占有教育的三大要目之一，即崇高的人格的三条件之一。这是人生的很重大而又很广泛的一种教育，不是局部分的小知识小技能的教授。如何重大，如何广泛，可从人生的根本上考察而知。

原来吾人初生入世的时候，最初并不提防到这世界是如此狭隘而使人窒息的。只要看婴孩，就可明白。他们有种种不可能的要求，例如要月亮出来，要花开，要鸟来，这都是我们这世界中所不能自由办到的事，然而他认真地要求，要求不得，认真地哭。可知人的心灵，向来是很广大自由的。孩子渐渐大起来，碰的钉子也渐渐多起来，心知这世间是不能应付人的自由的奔放的感情的要求的，于是渐渐变成驯服的大人。自己把以前的奔放自由的感情逐渐地压抑下去，可怜终于变成非绝对服从不可的"现实的奴隶"。这是我们都经验过来的事情，是谁都不能否定的。我们虽然由儿童变成大人，然而我们这心灵是始终一贯的心灵，即依然是儿时的心灵，不过经过许久的压抑，所有的怒放的炽盛的感情的萌芽，屡被磨折，不敢再发生罢了。这种感情的根，依旧深深地伏在做大人后的我们的心灵中。这就是"人生的苦闷"的根源。我们谁都怀着这苦闷，我们总想发泄这苦闷，以求一次人生的畅快，即"生的欢喜"。艺术的境地，就是我们大人所开辟以发泄这生的苦闷的乐园，就是我们大人在无可奈何之中想出来的慰藉、享乐的方法。所以苟非尽失其心灵的奴隶根性的人，一定谁都怀着这生的苦闷，谁都希望发泄，即谁都需要艺术。我们的身体被束缚于现实，匍匐在地上，而且不久就要朽烂。然而我们在艺术的生活中，可以瞥见"无限"的姿态，可以认识"永劫"的面目，即可以体验人生的崇高、不朽，而发见生的意义与价值了。故西谚说："人生短，艺术长。"艺术教育，就是教人以这艺术的生活的。知识、道德，在人世间固然必要；然倘缺乏这种艺术的生活，纯粹的知识与道德全是枯燥的法则的纲。这纲愈加繁多，人生愈加狭隘。即如前面所述，知识、道德、艺术，三者共相造成崇高的人格，一面偏废，就不健全。故学校中有知识科、训育科，同时必有艺术科。所以说：艺术教育，是人生很重大的一种教育，非局部的小知识、小技能的教授。

所谓艺术的生活，就是把创作艺术、鉴赏艺术的态度来应用在人生中，即教人在日常生活中看出艺术的情味来。对于一朵花，不专念其为果实的原因；对于一个月亮，不专念其为离地数千万里的星；对于一片风景，不专念其为某县某村的郊地；对于一只苹果，不要专念其为几个铜板一只的水果。这样，我们眼前的世界就广大而美丽了。在我们黄金时代，本来不曾提防到这世界里的东西是这样枯燥无味的，所以初见花的时候要抱它、吻它，初见月的时候要招呼它、礼拜它，哪晓得它们只是无知的植物的生殖器，与无情的岩石的大块。如今我们在艺术的世界中，即"美的世界"中，可以重番梦见我们的黄金时代的梦。倘能因艺术的修养，而得到了梦见这美丽的世界的眼，我们所见的世界，就处处美丽，我们的生活就处处滋润了。一茶一饭，我们都能尝到其真味；一草一木，我们都能领略其真趣；一举一动，我们都能感到其温暖的人生的情味。艺术教育，就是授人以这副眼睛，教人以这种看法的。所以说，艺术教育是人生的很广泛的教育，不是局部分小知识、小技能的教授。

要之，艺术教育是很重大很广泛的一种人的教育，所以如前所述，课程标准或各学校的学科细则等，在艺术科宗旨的项下，必用"涵养美感""陶冶身心""养成人格"一类的堂堂的话，原是十分正当、十分远大、十分认真的宗旨。

然而在目下的学校中，对于这正当远大的目的的手段，只是一小时的图画与一小时的音乐。一学校中，除了课程表上的"图画""音乐"几个字以外，别无艺术的香气了。似乎这一小时的图画与一小时的音乐，已能充分达到艺术科的教育的目的了。但我很怀疑。我以为（一）艺术教育，——倘要切实地达到所定的目的，——不是图画与音乐两种课业所能单独施行的。（二）况且学校中所实施的所谓图画音乐，有许多是与艺术无关的工作。

一般学校之所以定图画音乐为艺术科者，是因为图画音乐易于养成人的艺术的趣味的原故。然而这只能说是"艺术科"，不是"艺术教育"。现在一般学校，在"艺术科"项下用"艺术教育"的宗旨，即把艺术教育的责任全部卸在图画音乐的肩上。倘艺术科果能完全代表艺术教育而奏圆满的效果，那当然是无所不可。然而图画音乐只能说是"直接的艺术的教科"，决计不能使艺术教育的全部通过了图画音乐而达到其目的。何以言之？例如图画，教儿童鉴赏静物、鉴赏自然，不念其实用的、功利的方面，而专事吟味其美的方面，以养成其发见"美的世界"的能力；教儿童描写这美，以养成其美的创作的能力。希望这能力能受用于其生活上：即希望其能用鉴赏自然、鉴赏绘画的眼光来鉴赏人生、世界，希望其能用像美的和平与爱的情感来对付人类，希望其能用像创造绘画的态度来创造其生活。这是"直接"用"艺术"来启发人的"艺术的"心眼，故可说是"直接的艺术科"。然而如前所说，艺术教育的范围是很广泛的，是及于日常生活中的一茶一饭、一草一木、一举一动的。故不但学校中的各科，凡属人生的事——倘要完全地、认真地施行"艺术教育"，否，"教育"——，都应该时时处处"间接"地教以艺术方面的意义，先生——尤其是小学校的先生——应该时时处处留意指导儿童的美的感情的发达，与时时处处留意其道德品性的向上同样。然而在现今的学校中，这点是不行的。他们只有图画音乐，除了图画音乐以外，——假定这图画音乐的先生是真懂得艺术及艺术教育的，——一校中全无艺术的香味，与"爱"的面影。不美的校舍，丑恶的装饰，功利的先生，哪里去找寻"爱"的面影呢？故图画音乐的不举真的教育效果，原是难怪的事。

请仔细想想看，人生之有赖于美的慰藉，艺术的滋润，是很多的。人生中无论何事，第一必须有"趣味"，然后能欢喜地从事。这"趣味"就是艺术的。我不相信世间有全无"趣味"的机械似的人。劳动者歇在荫凉的绿荫下面的时候，口中也要不期地唱出山歌；农夫背了锄头回家的时候，对于庄严灿烂的夕阳不免要驻足回头。何况于初出黄金时代的儿童？故先生对于儿童，实在可以时时处处利用其固有的"趣味"，以抽发其艺术的感情，则教育的进行的道路必可平滑得多。国文、英文，自不必说，就是博物、理化、数学，岂仅属冷冰冰的机械的知识？艺术地看来，都有丰富的温暖的人生的艺术的情味，都是艺术教育的手段。艺术教育岂限于图画音乐？今限于图画音乐，而分立这二科为艺术科，使之独担艺术教育的责任，即使该二科的先生充分理解艺术与艺术教育，无奈只有二小时，且环境都无艺术的香气，众寡不敌，一曝十寒，其所奏的直接的艺术教育的效果也微乎其微了。

以上所说，"艺术教育不是图画音乐两种课业所能单独施行"，是假定这图画音乐正确奏效的话。然而现今有的学校，所实施的所谓"图画、音乐"，大都是与艺术无关系的、无意义的或卑鄙的东西。结果学校中全无"艺术教育"的一回事，却另外添了几种无意义的或卑鄙的怪现象。图画，请一个"会画"的教师；音乐，请一个"会唱"的教师；校长先生的能事已毕了。先生到校上课，教务长领导入教室，说几句介绍辞，跑出教室，关上门，教务长的能事也已毕了。至于设备，音乐教室中，一块黑板是当然有的，一口小风琴是特别的。图画可以用普通教室。学生个个空手端坐，似乎图画用具是不成问题的。叫他们拿出用具来，拍纸簿、道林纸、邮政局里用的或电车卖票用的铅笔。这上课完全是不诚意的。同时艺术科教师，也就被轻视。"艺术科教师"，如果当作"艺术教育的教师"，或"教儿童以艺术的教师"解说起来，是非常重要的人，且艺术科以外的其他各科中既然全无艺术的香味，全不负艺术教育的责任，而叫图画音乐两科来共负"艺术科"的名称，那么，艺术的陶冶的责任应该是限于图画音乐教师所负的了。然而试观现在的学校，似乎图画音乐教师并不重要；不但如此，又似乎是最轻易的。图画音乐二科在课程表上，犹之药方上的轻头药味，为凑成一个汤头的形式而附加的。国文、英文、数学，是切实有用的知识，所以最尊；至于画画与唱歌，在办学者，在学生，都似乎觉得是轻头功课。故其教师，薪水也比别科教师薄一点。别科要考试，图画音乐不要考试；别科不及格要留级，图画音乐不留级。在这种情形之下，分明艺术科教师是很不重要的。

所以办学者聘请艺术科教师，但以"会画""会唱"为选择的标准。其教师也以教学生"会画""会唱"为最高目的。故一旦请到了一个专门的"画家"来担任图画，似乎是最优待学生了。在"画家"的教师，也以为我是专门画家，教你们普通学校的中学生与小学生是绰绰有余的了，是委屈的了。于是教的时候，就以自己为模范，一味课以专门的技巧，似乎希望中学生小学生要个个像他一样的做了专门的画家才好。在这种教课之下，不知浪费了多少儿童与青年的努力！"画"是一事，"教画"又是一事。即"画家"与"图画教师"是不同的两种人。如前所述，依艺术教育的原理，图画科的目的不在作成几幅作品，即不在技巧的磨练，而在教以美的鉴赏力与创作力的，以养成其美的感情，使受用于其生活上。故但以"会唱""会画"为音乐图画教授的目的，是大错的见解，又是普通最易犯的误谬。

然而请真的专门的画家教图画，比较的是犹可的。因为画家终究是艺术家，虽然不谙熟教育与教授法，然其与教育家的相去还不很远。最可虑的，是充其"会画""会唱"的目标的极致，全无教养的戏子可为音乐教师，全无教养的漆匠司务可为图画教师了。

仅以"会画""会唱"为目的，上图画课就像广告画匠的教徒弟，上音乐科就像教鹦鹉。模写，擦笔肖像画，都可为图画的教材；小调、京调，都可为音乐的教材。然而普通中小学校的学生，是学做人而来的，不是要做画家与音乐家而来的，更不是学做广告画匠与戏子而来的！倘然毕业后真能做广告画匠与戏子，倒也可以吃饭；然他们每星期只有一小时的教练，恐怕不能修成画匠与戏子吧！这样看来，这种图画科与唱歌科是全然无用的徒劳，是与教育完全没有关系的玩耍。他们聚数十青年于一堂，堂皇地摇铃、上课、点名、批分，试问所干何事？图画音乐的上课，实在太滑稽了！做人，不一定要会画画，不一定要会唱歌。不画画、不唱歌，尽能做一个很好的"人"。"生活"是大艺术品。绘画与音乐是小艺术品，是生活的大艺术品的副产物。故必有艺术的生活者，方得有真的艺术的作品。从这意义着想，就可明白怎样才是真可称为"艺术科"的"图画"与"音乐"了。

要之，"艺术教育"与普通所谓"艺术科"，意义不是一致的。学校的艺术教育，是全般的教养，是应该融入各科的，不是可以机械地独立的，也不是所谓艺术科的图画与音乐所能代表全权的。即美的教育，情的教育，应该与道德的教育一样，在各科中用各种手段时时处处施行之，就中图画或音乐，仅属其各种手段之一，即直接用艺术品来施行艺术教育的一种手段而已。全般的艺术教育是"大艺术科"，图画音乐是"小艺术科"。平素有大艺术科的教养，小艺术科的图画音乐方得有真的意义。否则图画与音乐决不能独立而奏圆满的效果。

这又可拿修身科来比方：艺术教育犹之训育的全部，图画音乐犹是修身科中的礼法实习。今置全般的艺术教育于不问，而但授两小时的图画音乐，犹之平素全不注重训育，对于学生的日常生活的行为、品性全然不问，而仅设一小时的作法，使在这一小时中做戏似地演习道德的礼仪，岂非无理之事？

怎样把艺术教育融入教育的全部中呢？就是最近德国教育学者 Ernst Weber〔恩斯特·威柏〕的所谓"教育艺术"（"Erziehengskunst"）。他在一九二四年发表《艺术教育与教育艺术》一书。书中分理论与实例两部。理论部说明教育艺术的意义，实例部提示历史、地理等各科教授的实例。Weber 的所谓"教育艺术"的主张的大意，可从下列的几段话中窥得。

"美的要求，包拥着全体的教育问题。这是与伦理的要求和论理的要求同样地从教育学的基础科学上派生的。这是前提，是全体的建筑物所立的基地。……"

"唯有能用孩子似的直感与孩子似的感情来体验，而能忘却自己为一个已经成熟的大人的人，能像孩子地游戏的人，能做教育的艺术家。……"

"我们要把教育、教授的教师的全活动，人间教育的全行为，当作近似于一种艺术活动、艺术行为的东西而着想。……"

"一切教育行为，倘要实行其充分地有价值的任务，应该不但取伦理的、论理的方向，必须又取美学的方向。……"

"有艺术的性质的科目，即文学、作文、唱歌、图画、体操、手工等科目，自不必说，就是读法、讲话法、书法、算术等非艺术的科目，——倘要举教育学的效果，——也必需那种艺术的加味。……"

该书的日译者相良德三的日译本的序言中，也有这样的一段话：

"现代艺术教育的先驱者的 Weber，在今日，对于所谓艺术教育似乎已经不甚有兴味，不甚置重了。这在他这书的《序曲》（即理论部）中已经表示着。他以为今日的所谓艺术教育，只是就几种艺术的科目，例如图画、唱歌、作文等上所行的教育而已；别的大部分的科目，依然根据于兴味索然的、记忆偏重的教育法。Weber 对于这现状似已感到非常的不满意与教育的罪恶。据他所说，真的艺术教育，不是仅行于几种科目上的，是普施于小学校的全科目上，历史、地理、理科自不必说，即在算术、讲话法、读法、书法、手工、体操及其他一切科目上，也必普遍地施行。不然，全科目的学习必终于不能成为儿童的有生气的体验，不能收得真的效果。他在这书里，发表他的新意义的艺术教育，真意义的艺术教育，换言之，即教育艺术的主张。……"

聪明的读者，看了上揭几段话，早可会得所谓教育艺术的全部的意义，不必再读我的拙劣的译文了。

Weber 的教育艺术的主张，在今日未为定论，反对他的人也有。但在现代的艺术教育论坛上，他是最热心的一个倡导者。他的主张，乃根本于热诚的教育心而发。故在事实上或有难于实现之点，但其目标高远，论旨深广，实为现代艺术教育界之警钟。

（选自《艺术教育》，上海大东书局 1932 年版。）

精彩一句：

科学是真的、知的；道德是善的、意的；艺术是美的、情的。这是教育的三大要目。故艺术教育，就是美的教育，就是情的教育。

连祥品鉴：

1925 年 3 月，丰子恺翻译的《苦闷的象征》列入"文学研究会丛书"由上海商务印书馆出版。厨川白村在《苦闷的象征》中指出，生命力受抑压而生的苦闷懊恼便是文艺底根柢，又文艺底表现法是广义的象征主义。

在这篇文章中，厨川白村的"生命力"被丰子恺置换为"人的自由的奔放的感情的要求"，"社会力"也被丰子恺改造为"如此狭隘而使人窒息的""世界"。厨川白村的时代苦闷，到了丰子恺那里便成了超越历史语境的"人生的苦闷"。

在丰子恺看来，艺术是能让人"发泄""人生的苦闷"的精神工具，进而升华至"生的欢喜"，这便是艺术的效果。

当时学校中的艺术科，只是简单的图画课和音乐课，不能达到审美教育的效果。丰子恺热心介绍《教育艺术论》，旨在倡导审美教育，涵养学生的艺术情操，进而超越"人生的苦闷"，升华至"生的欢喜"。

剪网

　　大娘舅白相了"大世界"回来。把两包良乡栗子在桌子上一放，躺在藤椅子里，脸上现出欢乐的疲倦，摇摇头说：

　　"上海地方白相真开心！京戏，新戏，影戏，大鼓，说书，变戏法，什么都有；吃茶，吃酒，吃菜，吃点心，由你自选；还有电梯，飞船，飞轮，跑冰……老虎，狮子，孔雀，大蛇……真是无奇不有！唉，白相真开心，但是一想起铜钱就不开心。上海地方用铜钱真容易！倘然白相不要铜钱，哈哈哈哈……"

　　我也陪他"哈哈哈哈……"

　　大娘舅的话真有道理！"白相真开心，但是一想起铜钱就不开心"，这种情形我也常常经验。我每逢坐船，乘车，买物，不想起钱的时候总觉得人生很有意义，对于制造者的工人与提供者的商人很可感谢。但是一想起钱的一种交换条件，就减杀了一大半的趣味。教书也是如此：同一班青年或儿童一起研究，为一班青年或儿童讲一点学问，何等有意义，何等欢喜！但是听到命令式的上课铃与下课铃，做到军队式的"点名"，想到商贾式的"薪水"，精神就不快起来，对于"上课"的一事就厌恶起来。这与大娘舅的白相大世界情形完全相同。所以我佩服大娘舅的话有道理，陪他一个"哈哈哈哈……"。

原来"价钱"的一种东西，容易使人限制又减小事物的意义。譬如像大娘舅所说："共和厅里的一壶茶要两角钱，看一看狮子要二十个铜板。"规定了事物的代价，这事物的意义就被限制，似乎吃共和厅里的一壶茶等于吃两只角子，看狮子不外乎是看二十个铜板了。然而实际共和厅里的茶对于饮者的我，与狮子对于看者的我，趣味决不止这样简单。所以倘用估价钱的眼光来看事物，所见的世间就只有钱的一种东西，而更无别的意义，于是一切事物的意义就被减小了。"价钱"，就是使事物与钱发生关系。可知世间其他一切的"关系"，都是足以妨碍事物的本身的存在的真意义的。故我们倘要认识事物的本身的存在的真意义，就非撤去其对于世间的一切关系不可。

大娘舅一定能够常常不想起铜钱而白相大世界，所以能这样开心而赞美。然而他只是撤去"价钱"的一种关系而已。倘能常常不想起世间一切的关系而在这世界里做人，其一生一定更多欢慰。对于世间的麦浪，不要想起是面包的原料；对于盘中的橘子，不要想起是解渴的水果；对于路上的乞丐，不要想起是讨钱的穷人；对于目前的风景，不要想起是某镇某村的郊野。倘能有这种看法，其人在世间就像大娘舅白相大世界一样，能常常开心而赞美了。

我仿佛看见这世间有一个极大而极复杂的网，大大小小的一切事物，都被牢结在这网中，所以我想把握某一种事物的时候，总要牵动无数的线，带出无数的别的事物来，使得本物不能孤独地明晰地显现在我的眼前，因之永远不能看见世界的真相，大娘舅在大世界里，只将其与"钱"相结的一根线剪断，已能得到满足而归来。所以我想找一把快剪刀，把这个网尽行剪破，然后来认识这世界的真相。

艺术，宗教，就是我想找求来剪破这"世网"的剪刀吧！

（原刊《一般》1928 年 1 月第 4 卷第 1 号。）

精彩一句：

故我们倘要认识事物的本身的存在的真意义，就非撤去其对于世间的一切关系不可。

玉明品鉴：

日常世俗生活中，我们活在不同事物的关系之网中。从种种关系中评价、衡量事物的价值大小，做出趋利避害的选择和应对，而对事物本身的存在状态却经常疏于关注，是我们日常生活中的常态。割断事物之间的关系，把注意力集中到事物本身的颜色或者声音、形状或者旋律上去，就是超脱世俗功利心态，欣赏事物之美的审美活动。我们在每天的世俗生活中，要经常尝试着来剪断事物之间的关系之网，以欣赏事物本身的美。

"剪网"，使日常世俗生活有了审美的超越和提升！艺术和宗教就是帮助我们"剪网"，实现对世俗生活超越的利器。

童心的培养

　　家里的孩子们常常突发一种使我惊异感动的说话或行为。我每每抛弃了书卷或停止了工作，费良久的时光来仔细吟味他们的说话或行为的意味，终于得到深的憧憬的启示。

　　有一天，一个孩子从我衣袋里拿了一块洋钱去玩，不久，他又找得了一条红线，拿了跑来，对我说："给我在洋钱上凿一个洞，把线穿进去，挂在头颈里。"我记得了：他曾经艳羡一个客人胸前的金的鸡心，又艳羡他弟弟胸前的银锁片。现在这块袁世凯浮雕像的又新又亮的洋钱，的确很像他们的胸章。如果凿一个洞，把红线穿起来，挂在头颈里，的确是很好看的装饰品。这时候我正在编什么讲义，起初讨嫌他的累赘。然而听完了他的话一想，我不得不搁笔了。我惊佩他的发见，我惭愧我自己的被习惯所支配了的头脑，天天习见洋钱，而从来不曾认识洋钱的真面目，今天才被这孩子提醒了。我们平日讲起或看到洋钱，总是立刻想起这洋钱的来路、去处、效用及其他的旁的关系，有谁注意"洋钱"的本体呢？孩子独能见到事物的本体。这是我所惊奇感动的一点。

　　他们在吃东西的时候，更多美丽的诗料流露出来。把一颗花生米劈分为两

吃酒 花生米老头子
阿宝摆意 子恺画

瓣，其附连着胚粒的一瓣，他们想象作一个"老头子"。如果把下端稍咬去一点，老头子就能立在凳子上了。有一次，他们叫我去看花生米老头子吃酒。我看见凳子上一只纸折的小方桌，四周围着四个花生米老头子，神气真个个活现，我又惊佩他们的见识不置。一向我吃花生米，总是两颗三颗地塞进嘴里去，有谁高兴细看花生米的形状？更有谁高兴把一颗花生米劈开来，看它的内部呢？他们发现了，告诉我，我才晓得仔细玩赏。我觉得这想象真微妙！缩头缩颈的姿势，伛偻的腰，长而硬的胡须，倘能加一支杖，宛如中国画里的点景人物了。

他们吃藕，用红线在藕片上的有规则的孔中穿出一朵花来，把藕片当作天然的教育玩具的穿线板。吃玉蜀黍，得了满握的金黄色的珠子。吃石榴，得了满握的通红的宝石。

他们的可惊的识力，何止这几点？在平凡的日常生活中，他们能在处处发见丰富的趣味，时时作惊人的描写。

我于惊奇感动之余，仔细一想他们这种言语行为的内容意味，似乎觉得这不仅是家庭寻常的琐事，不仅是可以任其随时忘却的细故，而的确含着有一种很深大的人生的意味。觉得儿童的这一点心，是与艺术教育有关系的，是与儿童教育有关系的。这是人生最有价值的最高贵的心，极应该保护、培养，不应该听其泯灭。

这点心，怎样与艺术教育有关？怎样与儿童教育有关？何以应该培养？我的所感如下：

儿童对于人生自然，另取一种特殊的态度。他们所见、所感、所思，都与我们不同，是人生自然的另一方面。这态度是什么性质的呢？就是对于人生自然的"绝缘"（"isolation"）的看法。所谓绝缘，就是对一种事物的时候，解除事物在世间的一切关系、因果，而孤零地观看。使其事物之对于外物，像不良导体的玻璃的对于电流，断绝关系，所以名为绝缘。绝缘的时候，所看见的是孤独的、纯粹的事物的本体的"相"。我们大人在世间辛苦地生活,打算利害,巧运智谋,已久惯于世间的因果的网,久已疏忽了、忘却了事物的这"相"。孩子们涉世不深,眼睛明净,故容易看出,容易道破。一旦被他们提醒,我们自然要惊异感动而憧憬了。

绝缘的眼,可以看出事物的本身的美,可以发见奇妙的比拟。上面所述诸例,要把洋钱作胸章,就是因绝缘而看出事物的本身的美;比花生米于老头子,就是因绝缘而发见奇妙的比拟。

上例所述的洋钱,是我们这世间的实生活上最重要的东西。因为人生都为生活,洋钱是可以维持生活的最重要的物质的一面的,因此人就视洋钱为间接的生命。孜孜为利的商人,世间的大多数的人,每天的奔走、奋斗,都是只为洋钱。要洋钱是为要生命。但要生命是为要什么,他们就不想了。他们这样没头于洋钱,萦心于洋钱,所以讲起或见了洋钱,就强烈地感动他们的心,立刻在他们心头唤起洋钱的一切关系物——生命、生活、衣、食、住、幸福……这样一来,洋钱的本身就被压抑在这等重大关系物之下,使人没有余暇顾及了。无论洋钱的铸造何等美,雕刻何等上品,但在他们的心目中只是奋斗竞逐的对象,拼命的冤家,或作福作威的手段。有注意洋钱钞票的花纹式样的,只为防铜洋钱、假钞票,是戒备的、审查的态度,不是欣赏的态度。只有小孩子,是欣赏的态度。他们不懂洋钱对于人生的作用,视洋钱为与山水草木花卉虫鸟一样的自然界的现象,与绘画雕刻一样的艺术品。实在,只有在这种心理之下,能看见"洋钱"的本身。大人即使有偶然的欣赏,但比起小孩子来,是不自然的,做作的了。小孩子所见的洋钱,是洋钱自己的独立的存在,不是作为事物的代价、贫富的标准的洋钱;是无用的洋钱,不是可以换物的洋钱。独立的存在的洋钱,无用的洋钱,便是"绝缘"的洋钱。对于食物、用品,小孩子的看法也都是用这"绝缘"的眼的。

这种态度,与艺术的态度是一致的。画家描写一盆苹果的时候,决不生起苹果可吃或想吃的念头,只是观照苹果的绝缘的"相"。画中的路,是田野的静脉管,不是通世间的路。画中的人,是与自然物一样的一种存在,不是有意识的人。鉴赏者的态度也是如此。这才是真的创作与鉴赏。故美术学校的用裸体女子的模特儿,决不是像旧礼教维持者所非难地伤风败俗的。在画家的眼中，——至少在描写的瞬间，——模特儿是一个美的自然现象，不是一个有性的女子。这便是"绝缘"的作用。把事物绝缘之后，其对世间、对我的关系切断了。事物所表示的是其独立的状态，我所见的是这事物的自己的"相"。无论诗人、画家，都须有这个心、这副眼睛。这简直就是小孩子的心、小孩子的眼睛！

这点心在人生何以可贵呢？这问题就是"艺术在人生何以可贵"，不是现在所能草草解答的了。但也不妨简单地说：

涉世艰辛的我们，在现实的世界、理智的世界、密布因果网的世界里，几乎要气闷得窒息了。我们在那里一定要找求一种慰安的东西，就是艺术。在艺术中，我们可以暂时放下我们的一切压迫与担负，解除我们平日处世的苦心，而作真的自己的生活，认识自己的奔放的生命。而进入于这艺术的世界，即美的世界里去的门，就是"绝缘"。就是不要在原因结果的关系之下观看世界，而当作一所大陈列室或大花园观看世界。这时候我们才看见美丽的艺术的世界了。

哲学地考察起来，"绝缘"的正是世界的"真相"，即艺术的世界正是真的世界。譬如前述的一块洋钱，绝缘地看来，是浑圆的一块浮雕，这正是洋钱的真相。为什么呢？因为它可以换几升米，换十二角钱，它可以致富，它是银制的，它是我所有的，……等关系，都是它本身以外的东西，不是它自己。几升米、十二角钱、富、银、我，……这等都是洋钱的关系物，哪里可说就是洋钱呢？真的"洋钱"，只有我们瞬间所见的浑圆的一块浮雕。

理智，可以用科学来代表。科学者所见的世界，是与艺术完全相反的因果的世界。譬如水的真相是什么？科学者的解答是把水分析起来，变成氢与氧，说这就是水。艺术者的解答，倘是画家，就把波状的水的瞬间的现象描出在画布上。然而照前面道理讲来，这氢与氧分明是两种别物，不过与水有关系而已，怎么可说就是水呢？而波状的水的瞬间的现象，确是"水"自己的"真相"了。然而这是说科学的态度与艺术的态度，不是以艺术来诋毁科学。科学与艺术，同是要阐明宇宙的真相的，其途各异，其终点同归于哲学。但两者的态度，科学是理智的、钻研的、奋斗的，艺术是直观的、慰安的、享乐的，是明显的事实。我的意旨，就是说现实的世间既逃不出理智、因果的网，我们的主观的态度应该能造出一个享乐的世界来，在那里可得到 refreshment（精神爽快，神清气爽），以恢复我们的元气，认识我们的生命。而这态度，就是小孩子的态度。

艺术教育就是教人这种做人的态度的，就是教人用像作画、看画的态度来对世界；换言之，就是教人绝缘的方法，就是教人学做小孩子。学做小孩子，就是培养小孩子的这点"童心"，使长大以后永不泯灭。申说起来：我们在世间，倘只用理智的因果的头脑，所见的只是万人在争斗倾轧的修罗场，何等悲惨的世界！日落，月上，春去，秋来，只是催人老死的消息；山高，水长，都是阻人交通的障碍物；鸟只是可供食料的动物，花只是结果的原因或植物的生殖器。而且更有大者，在这样的态度的人世间，人与人相对都成生存竞争的敌手，都以利害相交接，人与人之间将永无交通，人世间将永无和平的幸福、"爱"的足迹了。故艺术教育就是和平的教育、爱的教育。

人类之初，天生成是和平的、爱的。故小孩子天生成有艺术的态度的基础。小孩子长大起来，涉世渐深，现实渐渐暴露，儿时所见的美丽的世界渐渐破产，这是可悲哀的事。等到成人以后，或者为各种"欲"所迷，或者为"物质"的困难所压迫，久而久之，以前所见的幸福的世界就一变而为苦恼的世界，全无半点"爱"的面影了。此后的生活，便是挣扎到死。这是世间最大多数的人的一致的步骤，且是眼前实际的状况，何等可悲哀呢！避死是不可能的，但谋生前的和平与爱的欢喜，是可能的。世间教育儿童的人，父母、先生，切不可斥儿童的痴呆，切不可盼望儿童的像大人，切不可把儿童大人化，宁可保留、培养他们的一点痴呆，直到成人以后。

这痴呆就是童心。童心，在大人就是一种"趣味"。培养童心，就是涵养趣味。小孩子的生活，全是趣味本位的生活。他们为趣味而游戏，为趣味而忘寝食。在游戏中睡觉，在半夜里要起来游戏，是我家的小孩的常事；推想起来，世间的小孩一定大致相同。为趣味而出神的时候，常要做自己所做不到的事，或不可能的事，因而跌跤，或受伤，也是我家的小孩子的常事。然这种全然以趣味为本位的生活，在我们大人自然不必，并且不可能。如果有全同小孩一样的大人，那是疯子了。然而小孩似的一点趣味，我们是可以有的。我所谓培养，就是做父母、做小学先生的人，应该乘机助长，修正他们的对于事物的看法。助长其适宜者，修正其过分者。最是十岁左右，渐知人事的时光，是紧要的一个关头。母亲父亲的平日的态度，在这时期中被他们完全学得。故十三四岁小孩子，大都形式与内容完全是父母的化身。这是我所屡次遇见的实在情形。过了十三四岁以后，自己渐成为大人，眼界渐广，混入外来的印象，故内容即使不变，形式大都略有更动，不完全是父母的模仿了。然而要根本改造，已是不可能了。所以自七八岁至十三四岁的时期，是教育上最紧要的关头。

一般的父母、先生，总之，是以教孩子做大人为唯一的教育方针的，这便是大错。我尝见有一个先生对七八岁的小孩子讲礼貌、起立、鞠躬、脱帽、缓步、低声、恭敬、谦虚……又有母亲存款于银行里，银行送一具精小的铜制的扑满，她就给五岁的孩子储藏角子。并且对我说这孩子已怎样懂得储钱，以为得意。又有一种客人，大都是女客，是助成这件事的。他们提了手帕子（里面包几样糕饼等礼物，我们的土语叫"手帕子"）来做客人，看见孩子，又从身边摸出两只角子来赏给他，当他的父母亲面前，塞进他的小袋袋或小手手里，以为客气又阔气。我们乡间，凡稍上等（？）的人家的客人来往，总有此习惯。因此小孩子无论两岁三岁，就知储蓄，有私产了。这种都是从小摧残他的童心。礼貌、储蓄，原非恶事，然而在人的广泛伟大的生命上看来，是最末梢的小事而已。孩提的时候教他，专心于这种末梢的小事，便是从小压倒他，叫他望下，叫他走小路。这是何种的教育？

然则所谓培养童心，应该用甚样的方法呢？总之，要处处离去因袭，不守传统，不顺环境，不照习惯，而培养其全新的、纯洁的"人"的心。对于世间事物，处处要教他用这个全新的纯洁的心来领受，或用这个全新的纯洁的心来批判选择而实行。

认识千古的大谜的宇宙与人生的，便是这个心。得到人生的最高的法悦的，便是这个心。这是儿童本来具有的心，不必父母与先生教他。只要父母与先生不去摧残它而培养它，就够了。

《西青散记》的作者史震林，在这书的自序中，有这样的话：

余初生时，怖夫天之乍明乍暗，家人曰，昼夜也。怪夫人之乍有乍无，曰，生死也。教余别星，曰，孰箕斗；别禽，曰，孰乌鹊；识所始也。生以长，乍明乍暗，乍有乍无者，渐不为异；间于纷纷混混时，自提其神于太虚而俯之，觉明暗有无之乍乍者，微可悲也。襁褓膳雌，家人曰，其子犹在。匍匐往视，双雏睨余，守其母羽。辍膳以悲，悲所始也。……

我对于这文章非常感动：原来人之初生，其心都是全新而纯洁，毫无恶习与陈见的迷障的。故对于昼夜生死，可怖可怪。这一点怖与怪，就是人类的宗教、艺术、哲学、科学的所由起。"生以长，乍明乍暗乍有乍无者，渐不为异"，便是蒙了世间的迷障，已有恶习与陈见了。"间于纷纷混混时，自提其神于太虚而俯之"，是"童心"的失而复得。"辍膳以悲"，于是发生关于宇宙的、生灵的、人生的大疑问了。人间的文化、宗教、艺术、哲学、科学，都是对于这个大疑问的解答。

（原刊《教育杂志》1927 年第 19 卷 12 月号。）

精彩一句：

童心，在大人就是一种"趣味"。培养童心，就是涵养趣味。

连祥品鉴：

世俗的成人，通过"绝缘"进入审美世界，何其难也；天真的儿童，能在生活中处处发现美的、有趣的事物。

儿童，凭着一颗没被世俗沾染的"赤子之心"，似乎是天生的艺术家，不经意间就能通过"绝缘"发现世间万物的本真的美。丰子恺所主张的"童心的培养"，就是要细心呵护孩子的"赤子之心"。孩子长大成人后，仍不失童真的"痴呆"，永葆"趣味"，在纷纷攘攘的尘世之中，能"自提其神于太虚而俯之"，即偶尔能用童真的赤子之心打量世界，发现世界超凡脱俗的美。

精神的粮食

　　人生目的为何？从伦理的哲学的言之，要不外乎欲得理想的生活。亦即欲得快乐的生活。换言之，欲满足种种欲望。人欲有五：食欲，色欲，知欲，德欲，美欲是也。食色二欲为物质的，为人生根本二大欲。但人决不能仅此满足即止，必进而求其它精神的三大欲之满足。此为人生快乐的向上，向上不已，食色二欲中渐渐混入美欲，终于由美欲取代食色二欲，是为欲之升华。升华之极，轻物质而重精神。所欲有甚于生，人生即达于"不朽"之理想境域。故精神的粮食，有时更重于物质的粮食。浅而言之，儿童之求游戏有时甚于求食。囚犯之苦寂寞有时甚于饥寒。反之，发奋忘食，闻乐不知肉味，亦不独孔子为然，人皆有之，不过程度有差等耳。今人职业与事业不符者，苦痛万状。因职业只供物质的粮食，而不供精神的粮食也。

　　以艺术为粮，则造型美术如食物，诗文、音乐如饮料，演剧、舞蹈如盛筵。

　　于艺术中求五味，则闲适诗，纯绘画（图案，四君子等），纯音乐（Bach〔巴赫〕）等作品，注重形式，悦目赏心，其味如甜。记叙，描写，抒情之诗；史画，院画，诗画，描写乐，标题乐及歌曲，兼重内容，言之有物，其味如咸。

讽喻诗，宣传画（poster），漫画，军乐，战歌，动心忍性，其味如辣。感伤诗，浪漫画，哀乐，夜曲，清幽隽永，其味如酸。至于淫荡之诗，恶俗之画，靡靡之音，则令人呕吐，其味如臭矣。

（1939 年为浙江大学所编"艺术教育"的油印讲义片段。）

精彩一句：

故精神的粮食，有时更重于物质的粮食。

玉明品鉴：

20 世纪美国人本主义心理学家马斯洛，曾提出一个著名的"需要七层次说"，核心观点是认为人的需要从低到高有七个不同的层次：生理需要、安全需要、归属与爱的需要、尊重需要以及求知需要、审美需要和自我实现的需要。丰子恺的"人生五欲说"与马斯洛的"需要七层次说"相比，略显粗疏，但两者又存在一定的相似性。比如两者都主张人及人生都是不断地追求理想、快乐的；比如都主张浅层次的生理、物质需要会被更高层次的精神性求知、审美需要所超越、取代。由此，不难看出丰子恺在此问题上的眼光非常敏锐、深刻。

丰子恺将"美欲"看作人生最高层次的需要，把艺术视为人的重要精神食粮，展现了他作为漫画大师、散文家对艺术的高度重视。确实，人不能仅仅活着，他还有高层次的精神需要和追求，特别是对艺术、审美的需要和热爱是人的本质规定性。培养自己的艺术爱好，努力提升自己的审美趣味水平，于艺术中品尝人生的酸甜咸辣，是我们在日常生活中必须努力的方向。

视觉的粮食

世间一切美术的建设与企图，无非为了追求视觉的慰藉。视觉的需要慰藉，同口的需要食物一样，故美术可说是视觉的粮食。人类得到了饱食暖衣，物质的感觉满足以后，自然会进而追求精神的感觉——视觉——的快适。故从文化上看，人类不妨说是"饱暖思美术"的动物。

我个人的美术研究的动机，逃不出这公例，也是为了追求视觉的粮食。约三十年之前，我还是一个黄金时代的儿童，只知道人应该饱食暖衣，梦也不曾想到衣食的来源。美术研究的动机的萌芽，在这时光最宜于发生。我在母亲的保护之下获得了饱食暖衣之后，每天所企求的就是"看"。无论什么，只要是新奇的，好看的，我都要看。现在我还可历历地回忆：玩具，花纸，吹大糖担，新年里的龙灯，迎会，戏法，戏文，以及难得见到的花灯……曾经给我的视觉以何等的慰藉，给我的心情以何等热烈的兴奋！

就中最有力地抽发我的美术研究心的萌芽的，要算玩具与花灯。当我们的儿童时代，玩具的制造不及现今的发达。我们所能享用的，还只是竹龙、泥猫、大阿福，以及江北船上所制造的各种简单的玩具而已。然而我记得：我特别爱好的是印泥菩萨的模型。这东西现在已经几乎绝迹，在深乡间也许还有流行。其玩法是教儿童自己用黏土在模型里印塑人物像的，所以在种种玩具中，对于这种玩具觉得兴味最浓。我们向江北人买几个红沙泥烧料的阴文的模型，和一块黄泥（或者自己去田里挖取一块青色的田泥，印出来也很好看），就可自由印塑。我曾记得，这种红沙泥模型只要两文钱一个。有弥勒佛像，有观世音像，有关帝像，有文昌像，还有孙行者，猪八戒，蚌壳精，白蛇精各像，还有猫，狗，马，象，宝塔，牌坊……等种种模型。我向母亲讨得一个铜板，可以选办五种模型，和一大块黄泥（这是随型附送，不取分文的），拿回家来制作许多的小雕塑。明天再讨一个铜板，又可以添办五种模型。积了几天，我已把江北人担子所有的模型都买来，而我的案头就像罗汉堂一般陈列着种种的造像了。我记得，这只江北船离了我们的石门湾之后，不久又开来了一只船，这船里也挑上一担红沙泥模型来，我得知了这个消息之后，立刻去探找，果然被我找到，而且在这担子上发见了许多与前者不同的新模型。我的欢喜不可名状！恐怕被人买光，立刻筹集巨款，把所有的新模型买了回来。又热心地从事塑造。案头充满了焦黄的泥像，我觉得单调起来。就设法办得铅粉和胶水，用洗净的旧笔为各像涂饰。又向我们的染坊作场里讨些洋红洋绿来，调入铅粉中，在各像上施以种种的色彩。更进一步，我觉得单靠江北船上供给的模型，终不自由。照我的游戏欲的要求，非自己设法制造模型不可。我先用黏土作模型，自己用小刀雕刻阴文的物象，晒干，另用湿黏土塑印。然而这尝试是失败的：那黏土制的模型易裂，易粘，雕的又不高明，印出来的全不足观。失败真是成功之母！有一天，计上心来：我用洋蜡烛油作模型，又细致，又坚韧，又滑润，又易于奏刀。材料虽然太费一点，但是刻坏了可以熔去再刻，并不损失材料。刻成了一种物象，印出了几个，就可把这模型熔去，另刻别的物象。这样，我只要牺牲半支洋蜡烛，便可无穷地创作我的浮雕，谁说这是太费呢。这时候我正在私塾读书。这种雕刻美术在私塾里是同私造货币一样地被严禁的。我不能拿到塾里去弄，只能假后回家来创作。因此荒废了我的《孟子》的熟读。我记得，曾经为此吃先生的警告和母亲的责备。终于不得不疏远这种美术而回到我的《孟子》里。现在回想，我当时何以在许多玩具中特别爱好这种塑造呢？其中大有道理：这种玩具，最富于美术意味，最合于儿童心理，我认为是着实应该提倡的。竹龙，泥猫，大阿福之类，固然也是一种美术的工艺。然而形状固定，没有变化；又只供鉴赏，不可创作。儿童是欢喜变化的，又是抱着热烈的创作欲的。故固定的玩具，往往容易使他们一玩就厌。那种塑印的红沙泥模型，在一切玩具中实最富有造型美术的意义，又最富有变化。故我认为自己的偏好是极有因的。现今机械工业发达，玩具工厂林立。但我常常留意各玩具店的陈列窗，觉得很失望。新式的玩具，不过质料比前精致些，形色比前美丽些，在意匠上其实并没有多大的进步，多数的新玩具，还是形状固定，没有变化，甚至缺乏美术意味的东西。想起旧日那种红沙泥模型的绝迹，不觉深为惋惜。只有数年前，曾在上海的日本玩具店里看见过同类的玩具：一只纸匣内，装着六个白瓷制的小模型，有人像，动物像，器物型，三块有色彩的油灰，和两把塑造用的竹刀。这是以我小时所爱好的红沙泥模型为原则而改良精制的。我对它着实有些儿憧憬！它曾经是我幼时所热烈追求的对象，它曾经供给我的视觉以充分的粮食，它是我的美术研究的最初的启发者。想不到在二十余年之后，它会在外国人的地方穿了改良的新装而与我重见的！

更规模地诱导我美术制作的兴味的，是迎花灯。在我们石门湾地方，花灯不是每年例行的兴事。大约隔数年或十数年举行一次。时候总在春天，春耕已毕而蚕子未出的空当里，全镇上的人一致兴奋，努力制造各式的花灯；四周农村里的人也一致兴奋，天天夜里跑到镇上来看灯，仿佛是千载一遇的盛会。我的儿童时代总算是幸运的，有一年躬逢其盛。那时候虽然已到了清朝末年，不是十分太平的时代；但民生尚安，同现在比较起来，真可说是盛世了。我家旧有一顶彩伞，它的年龄比我长，是我的父亲少年时代和我姑母二人合作的。平时宝藏在箱笼里，每逢迎花灯，就拿出来参加。我以前没有见过它，那时在灯烛辉煌中第一次看见它，视觉感到异常的快适。所谓彩伞，形式大体像古代的阳伞，但作六面形，每面由三张扁方形的黑纸用绿色绫条粘接而成，即全体由三六十八张黑纸围成。这些黑纸上便是施美术工作的地方。伞的里面点着灯，但黑纸很厚，不透光，只有黑纸上用针刺孔的部分映出灯光来。故制作的主要工夫就是刺孔。这十八张黑纸，无异十八幅书画。每张的四周刺着装饰图案的带模样，例如万字，八结，回纹，或各种花鸟的变化。带模样的中央，便是书画的地方。若是书，则笔笔剪空，空处粘着白色的熟矾纸，映着明亮的灯光；

此外的空地上又刺着种种图案花纹，作为装饰的背景。若是画，则画中的主体（譬如画的是举案齐眉，则梁鸿、孟光二人是主体）剪空，空处黏白色的熟矾纸，纸上绘着这主体的彩色图，使在灯光中灿烂地映出。其余的背景（譬如梁鸿的书桌，室内的光景，窗外的花木等）用针刺出，映着灯光历历可辨。这种表现方法，我现在回想，觉得其刺激比一切绘画都强烈。自来绘画之中，西洋文艺复兴期的宗教画，刺激最弱。为了他们把画面上远近大小一切物象都详细描写，变成了照相式的东西，看时不得要领，印象薄弱，到了十九世纪末的后期印象派，这点方被注意。他们用粗大的线条，浓厚的色彩，与单纯的手法描写各物，务使画中的主体强明地显现在观者的眼前。这原是取法于东洋的。东洋的粗笔画，向来取这么单纯明快的表现法，有时甚至完全不写背景，仅把一块石头或一枝梅花孤零零地描在白纸上，使观者所得印象十分强明。然而，这些画远不及我们那顶彩伞的画的强明：那画中的主体用黑纸作背景，又映在灯光中，显得非常触目；而且背景并非全黑，那针刺的小孔，隐隐地映出各种陪衬的物象来，与主体有机地造成一个美满的画面。其实这种彩伞不宜拿了在路上走，应该是停置在一处，供人细细观赏的。我家的那顶彩伞，尤富有这个要求。因为在全镇上的出品中，我们的彩伞是被公推为最精致而高尚的，字由我的父亲手书，句语典雅，笔致坚秀；画是我姑母的手笔，取材优美，布局匀称。针刺的工作也全由他们亲自担任，疏密适宜，因之光的明暗十分调和，比较起去年我乡的灯会中所见新的作品，题着"提倡新生活"的花台，画着摩登美女的花盆来，其工粗雅俗之差，不可以道里计了。我由这顶彩伞的欣赏，渐渐转入创作的要求。得了我大姐的援助，在灯期中立刻买起黑纸来，裁成十八小幅。作画，写字，加以图案，安排十八幅书画。然后剪空字画，粘贴矾纸，把一个盛老烟的布袋衬在它们底下，用针刺孔。我们不但日里赶作，晚上也常常牺牲了看灯，伏在室内工作。虽然因为工作过于繁重，没有完成灯会已散。但这一番的尝试，给了我美术制作的最初的欢喜。我们于灯会散后在屋里张起这顶自制的小彩伞来，共相欣赏，比较，批评。自然远不及大彩伞的高明。但是，能知道自己的不高明，我们的鉴赏眼已有几分进步了。我的学书学画的动机，即肇始于此。我的美术研究的兴味，因了这次灯会期间的彩伞的试制而更加浓重了。去年的春天，我乡又发起灯会。这是我生所逢到的第三次；但第二次我糊口于远方，未曾亲逢，我所亲逢的这是第二次。照上述的因缘看来，去年我应该踊跃参加。然而不然，我只陪了亲友勉强看几次灯。非但自己不制作，有时连看都懒得。这是什么原故？一时自己也说不清，大约要写完了这篇文章方才明白。

言归本题：最有力地抽发我的美术研究心的萌芽的，是上述的玩具和花灯。然而，给我的视觉以最充分的粮食的，也只有这种玩具和花灯。那种红沙泥模型的塑印，原是很幼稚的一种手工，给孩儿们玩玩的东西，说不上美术研究。那种彩伞的制作也只是雕虫小技，仅供消闲娱乐而已，不能说是正大的美术创作。然而前面说过，世间一切美术的建设与企图，无非为了追求视觉的慰藉。上两者在美术上虽是玩具或小技，但其对于当时的我，一个十来岁的儿童，的确奏了极伟大的美术的效果，给了我最充分的视觉的粮食。因为自此以后，我的年纪渐长，美术研究之志渐大；我的经历渐多，美术鉴赏之眼渐高。研究之志渐大，就舍去目前的小慰藉的追求而从事奋斗；鉴赏之眼渐高，就发见眼前缺乏可以慰藉视觉的景象，而退入苟安，陷入空想。美术是人生的"乐园"，儿童是人生的"黄金时代"。然而出了黄金时代，美术的乐园就减色，可胜叹哉！

怎样会减色呢？让我继续告诉我的读者吧：为了上述的因缘，我幼时酷好描画。最初我热心于印《芥子园人物谱》。所谓印，就是拿薄纸盖在画谱上，用毛笔依样印写。写好了添上颜色，当作自己的作品。后来进小学校，看见了商务印书馆出版的《铅笔画临本》《水彩画临本》，就开始临摹，觉得前此之印写，太幼稚了。临得惟妙惟肖，就当作自己的佳作。后来进中学校，知道学画要看着实物而描写，就开始写生，觉得前此之临摹，太幼稚了。写生一把茶壶，看去同实物一样，就当作自己的杰作！后来我看到了西洋画，知道了西洋画专门学校的研究方法，又觉得前此的描画都等于儿戏，欲追求更多的视觉的粮食，非从事专门的美术研究不可。我就练习石膏模型木炭写生。奋斗就从这里开始。大凡研究各种学问，往往在初学时尝到甜味，一认真学习起来，就吃尽苦头。有时简直好像脱离了本题，转入另外一种坚苦的工作中。为了学习绘画而研究坚苦的石膏模型写生，正是一个适例。近来世间颇反对以石膏模型写生当作绘画基本练习的人。西洋的新派画家，视此道为陈腐的旧法，中国写意派画家或非画家，也鄙视此道，以为这是画家所不屑做的机械工作。我觉得他们未免胆子太大，把画道看得太小了。我始终确信，绘画以"肖似"为起码条件，同人生以衣食为起码条件一样。谋衣食固然不及讲学问道德一般清高。然而衣食不足，学问道德无从讲起，除非伯夷、叔齐之流。学画也如此，单求肖似固然不及讲笔法气韵的清高。然而不肖似物象，笔法气韵亦无从寄托。有之，只有立体派构成派之流。苏东坡诗云："论画以形似，见与儿童邻。"正是诗人的夸张之谈。订正起来，应把他第一句诗中的"以"字改为"重"字才行。话归本题：我从事石膏模型写生之后，为它吃了不少的苦。因为石膏模型都是人的裸体像，而人体是世界最难描得肖似的东西。五官，四肢，一看似觉很简单，独不知形的无定，线的刚柔，光的变化，色的含混，在描写上是最困难的工作。我曾经费了十余小时的工夫描一个 Venus〔维纳斯〕像，然而失败了。因为注意了各小部分，疏忽了全体的形状和调子。以致近看各部皆肖似，而走远来一望，各部大小不称，浓淡失调，全体姿势不对。我曾经用尽了眼力描写一个 Laocoon〔拉奥孔〕像，然而也失败了。因为注意了部分和全体的相称，疏忽了用笔的刚柔，把他全身的肌肉画成起伏的岩石一般。我曾在灯光下描写 Homeros〔荷马〕像，一直描到深夜不能成功。为的是他的卷发和胡须太多，无论如何找不出系统的调子，因之画面散漫无章，表不出某种方向的灯光底下的状态来。放下木炭条，靠在椅背上休息的时光，我就想起：我在这里努力这种全体姿势的研究，肌肉起伏的研究，卷发胡须的研究，谁知也是为了追求视觉的慰藉呢？这些苦工，似乎与慰藉相去太远，似乎与前述的玩具和彩伞全不相关，谁知它们是出于同一要求之下的工作呢！我知道了，我是正在舍弃了目前的小慰藉而从事奋斗，希望由此获得更大的慰藉。

说来自己也不相信：经过了长期的石膏模型奋斗之后，我的环境渐渐变态起来了。我觉得眼前的"形状世界"不复如昔日之混沌，各种形状都能对我表示一种意味，犹如各个人的脸孔一般。地上的泥形，天上的云影，墙上的裂纹，桌上的水痕，都对我表示一种态度，各种植物的枝，叶，花，果，也争把各人所独具的特色装出来给我看。更有希奇的事，以前看惯的文字，忽然每个字变成了一副脸孔，向我装着各种的表情。以前到惯的地方，忽然每一处都变成了一个群众的团体，家屋，树木，小路，石桥，……各变成了团体中的一员，各演出相当的姿势而凑成这个团体，犹如耶稣与十二门徒凑成一幅《最后的晚餐》一般。……读者将以为我的话太玄妙么？并不！石膏模型写生是教人研究世间最复杂最困难的各种形、线、调、色的。习惯了这种研究之后，对于一切形、线、调、色自会敏感起来。这犹之专翻电报的人，看见数目字自起种种联想；又好比熟习音乐的人，听见自然界各种声音时自能辨别其音的高低、强弱和音色。我久习石膏模型写生，入门于形的世界之后，果然多得了种种视觉的粮食：例如名画，以前看了莫名其妙的，现在懂得了一些好处。又如优良的雕刻，古代的佛像，以前未能相信先辈们的赞美的，现在自己也不期对他们赞美起来。又如古风的名建筑，洋风的名建筑；以前只知道它们的工程浩大，现在渐渐能够体贴建筑家的苦心，知道这些确是地上的伟大而美丽的建设了。又如以前临《张猛龙碑》《龙门二十品》《魏齐造像》，只是盲从先辈的指导，自己非但不解这些字的好处，有时却在心中窃怪，写字为什么要拿这种参差不整，残缺不全的古碑为模范？但现在渐渐发觉这等字的笔致与结构的可爱了。不但对于各种美术如此，在日常生活上，我也改变了看法：以前看见描着工细的金碧花纹的瓷器，总以为是可贵的；现在觉得大多数恶俗不足观，反不如本色的或简图案的瓷器来得悦目。以前看见华丽的衣服总以为是可贵的，现在觉得大多数恶劣不堪，反不如无花纹的，或纯白纯黑的来得悦目。以前也欢喜供一个盆景，养两个金鱼，现在觉得这些小玩意的美感太弱，与其赏盆景与金鱼，不如跑到田野中去一视伟大的自然美。我把以前收藏着的香烟里的画片两大匣如数送给了邻家的儿童。

我的美术鉴赏眼，显然是已被石膏模型写生的磨练所提高了。然而这在视觉慰藉的追求上，是大不利的！我们这国家，民生如此凋敝，国民教养如此缺乏。"饱暖思美术"，我们的一般民众求饱暖尚不可得，哪有讲美术的余暇呢？因此我们的环境，除了山水原野等自然之外，凡人类社会，大多数地方只有起码的建设，谈不到美术，一所市镇，只要有了米店、棺材店、当铺、茅坑……等日用缺少不来的设备，就算完全，更无暇讲求"市容"了。一个学校，只要有了坐位和黑板等缺少不得的设备，就算完全，更无暇讲求艺术的陶冶了。一个家庭，只要有了灶头，眠床，板桌，马桶等再少不来的设备，也算完全，更无暇讲求形式的美观了。带了提高了的美术鉴赏眼，而处在上述的社会环境中，试问向哪里去追求视觉的慰藉呢？以前我还可没头于红沙泥模子的塑印中，及彩伞的制作中，在那里贪享视觉的快感。可是现在，这些小玩意只能给我的眼当作小点心，却不能当作粮食了。我的眼，所要求的粮食，原来并非贵族的、高雅的、深刻的美术品，但求妥帖的、调和的、自然的、悦目的形相而已。可是在目前的环境中，最缺乏的是这种形相。有时我笼闭在房间里，把房间当作一个小天地，施以妥帖、调和、自然而悦目的布置，苟安地在那里追求一些视觉的慰藉。或者，埋头在白纸里，将白纸当作一个小天地，施以妥帖、调和、自然而悦目的经营，空想地在那里追求一些视觉的慰藉。到了这等小天地被我看厌，视觉饥荒起来的时候，我唯有走出野外，向伟大的自然美中去找求粮食。然而这种粮食也不常吃。因为它们滋味太过清淡，犹如琼浆仙露，缺乏我们凡人所需要的"人间烟火气"。在人类社会的环境不能供给我以视觉的食粮以前，我大约只能拿这些苟安的、空想的、清淡的形相来聊以充饥了。

（原刊《中学生》1936 年 1 月号增刊特辑。）

精彩一句：

美术是人生的"乐园"，儿童是人生的"黄金时代"。

玉明品鉴：

人活着首先需要饱食暖衣，但人活着并不满足于此；拥有了饱食暖衣后，人还会追求更高层次的精神快适。视觉的快慰就是人必然会产生的精神需要之一，美术就是来满足人的这种视觉快慰需要的。由此，丰子恺把美术比作人的视觉食粮，以自己在儿童时期就产生了浓厚的美术兴趣，最后终于走上了美术创作、研究道路的亲身经验为例，生动、形象地说明了人追求美术需要的满足的必然性。

在丰子恺看来，儿童因为父母的呵护关爱而自然地满足了饱食暖衣的需要，在视觉快乐的需要方面非常强烈——他们要"看"新奇的、好看的各种事物。就他个人来说，儿童的各种玩具和节日欣赏、制作花灯满足了他此时的视觉欣赏需要，同时培养了他的美术兴趣。而随着不断成长，他的视觉快乐需要和美术爱好也不断在深化发展。特别是通过专业性的画石膏素描的训练，他的视觉需要也变得更为精致和强烈，他也成为了专业性的美术家。在强调美术作为人的视觉食粮对人的重要性的前提下，丰子恺也对他那个时代因社会的落后所导致的在环境审美方面的不足进行了深刻的批判。

暂时脱离尘世

夏目漱石的小说《旅宿》（日本名《草枕》）中有一段话："苦痛、愤怒、叫嚣、哭泣，是附着在人世间的。我也在三十年间经历过来，此中况味尝得够腻了。腻了还要在戏剧、小说中反复体验同样的刺激，真吃不消。我所喜爱的诗，不是鼓吹世俗人情的东西，是放弃俗念，使心地暂时脱离尘世的诗。"

夏目漱石真是一个最像人的人。今世有许多人外貌是人，而实际很不像人，倒像一架机器。这架机器里装满着苦痛、愤怒、叫嚣、哭泣等力量，随时可以应用。即所谓"冰炭满怀抱"也。他们非但不觉得吃不消，并且认为做人应当如此，不，做机器应当如此。

我觉得这种人非常可怜，因为他们毕竟不是机器，而是人。他们也喜爱放弃俗念，使心地暂时脱离尘世。不然，他们为什么也喜欢休息，喜欢说笑呢？苦痛、愤怒、叫嚣、哭泣，是附着在人世间的，人当然不能避免。但请注意"暂时"这两个字，"暂时脱离尘世"，是快适的，是安乐的，是营养的。

陶渊明的《桃花源记》，大家知道是虚幻的，是乌托邦，但是大家喜欢一读，就为了他能使人暂时脱离尘世。《山海经》是荒唐的，然而颇有人爱读。陶渊明读后还咏了许多诗。这仿佛白日做梦，也可暂时脱离尘世。

铁工厂的技师放工回家，晚酌一杯，以慰尘劳。举头看见墙上挂着一大幅《冶金图》，此人如果不是机器，一定感到刺目。军人出征回来，看见家中挂着战争的画图。此人如果不是机器，也一定感到厌烦。从前有一科技师向我索画，指定要画儿童游戏。有一律师向我索画，指定要画西湖风景。此种些微小事，也竟有人萦心注目。二十世纪的人爱看表演千百年前故事的古装戏剧，也是这种心理。人生真乃意味深长！这使我常常怀念夏目漱石。

（本文为文革时的"地下"写作。收入《缘缘堂随笔集》，
浙江文艺出版社 1983 年版。）

精彩一句：

我所喜爱的诗，不是鼓吹世俗人情的东西，是放弃俗念，使心地暂时脱离尘世的诗。

玉明品鉴：

作为生活在俗世中的普通人，我们每个人都无法彻底摆脱日常生活中的柴米油盐酱醋茶的世俗纠缠；但借助于艺术，我们就拥有了短暂地逃避这种纠缠，获得休息和放松的机会。如果生活中没有艺术和美，人就只能无时无刻地遭受世俗生活的折磨，像机器一样地应付着、挣扎着，这种生活状态是很悲惨的。

然而，艺术能够把我们从世俗生活中短暂地拯救出来透一口气，但不同艺术作品在这一方面的功能存在着很大的差异。有能够让我们忘却俗念，有助于我们暂时脱俗的作品；有不断地提醒我们要市侩、要精明，不断强化我们的俗念的作品。无疑，前者才是我们应该热爱的对象。批判生活的局限，用美好的生活理想引导人们的现实人生，是艺术美的本质规定。

绘画之用

从前英国的大诗人拜轮〔拜伦〕（Byron）的葬仪在伦敦举行的时候，伦敦街上的商人们望见了这大出丧的威仪，惊叹之余，私下相问："诗人到底是做什么生意的人？"

从前日本有一个名画家，画一幅立轴，定价洋六十元，画中只是疏朗朗地描三粒豆。有一个商人看见了，惊叹道："一粒豆值洋二十元！？"

这种大概是形容过分的笑话吧。诗人不是做生意的人，画中的豆与粮食店内的豆不同，这是谁也不会弄错的，不致发那种愚问吧。不过，"诗到底有什么用？""画到底有什么用？"也许是一般人心中常有的疑问。

在展览会中，如果有人问我："绘画到底有什么用？"我准拟答复他说："绘画是无用的。""无用的东西！画家何苦画？展览会何苦开？""纯正的绘画一定是无用的，有用的不是纯正的绘画。无用便是大用。容我告诉你这个道理。"

普通所见的画，种类甚多：纪念厅里的总理遗像也是画，教室里的博物挂图也是画，地理教科书中的名胜图也是画，马路里墙壁上的广告图也是画，然而这种都不是纯正的绘画。展览会里的才是纯正的美术的绘画。为什么道理呢？就为了前者是"有用"的，后者是"无用"的。

纪念厅里有总理遗像，展览会里也有人物画。但前者是保留孙中山先生的遗容，以供后人的瞻仰的；后者并无这种目的，且不必标明是何人。博物挂图中有梅花图，吴昌硕的立幅中也有梅花图。然前者是对学生说明梅花有几个瓣，几个雄蕊与雌蕊的；吴昌硕并不是博物教师。地理教科书中有西湖的风景图，油画中也有西湖的风景图。但前者是表明西湖的实景，使没有到过杭州的人可以窥见西湖风景的一斑的；后者并不是冒充西湖的照相。马路里墙上的广告画中有香烟罐，啤酒瓶，展览会里的静物画中也有香烟罐，啤酒瓶。但前者的目的是要诱人去买，后者并不想为香烟公司及酿造厂推广销路。大厦堂前的立幅，试问有什么实用？诸君手中的扇子上画了花，难道会多一点凉风？展览会里的作品，都是这类的无目的的、无用的绘画。——无用的绘画，才是真正的美术的绘画。

何以言之？因为真的美术的绘画，其本质是"美"的。美是感情的，不是知识的，是欣赏的，不是实用的。所以画家但求表现其在人生自然中所发现的美，不是教人一种知识；看画的人，也只要用感情去欣赏其美，不可用知识去探究其实用。真的绘画，除了表现与欣赏之外，没有别的实际的目的。前述四种实例，遗像、博物图、名胜图、广告画，都是实用的，或说明的。换言之，都是为了一种实际的目的而画的。所以这种都是实用图，都不是美术的绘画。但我的意思，并非说实用图都没有价值。我只是说，实用图与美术的绘画性质完全不同。看惯实用图的人，一旦走进展览会里，慎勿仍用知识探究的态度去看美的绘画。不然，就不免做出"一粒豆值洋二十元"的笑柄来。美术的绘画虽然无用（详之，非实用，或无直接的用处），但其在人生的效果，比较起有用的（详言之，实用的，或直接有用的）图画来，伟大得多。

人类倘然没有了感情，世界将变成何等机械、冷酷而荒凉的生存竞争的战场！世界倘没有了美术，人生将何等寂寥而枯燥！美术是感情的产物，是人生的慰安。它能用慰安的方式来潜移默化我们的感情。

所以说："真的绘画是无用的，有用的不是真的绘画。无用便是大用。"用慰安的方式来潜移默化我们的感情，便是绘画的大用。

（1929 年清明于石门湾，为全国美展刊作。）

精彩一句：

用慰安的方式来潜移默化我们的感情，便是绘画的大用。

连祥品鉴：

绘画大致可以分为两类，一类是具有实用价值的画，另一类是没有实用价值的纯艺术的画。

丰子恺的这篇小文写于1929年清明节，是专门为全国美展而作的。丰子恺比较了实用的画与纯艺术的画。从实用的角度来看，纯艺术的画是"无用"的。然而，"无用便是大用"，即"用慰安的方式来潜移默化我们的感情，便是绘画的大用"。

艺术无价。纯真的画，洋溢着艺术的魅力。欣赏纯真的画，陶冶情操，有益人生。

音乐之用

学校的一切课业中，音乐似乎最没有用。即使说得它有用，例如安慰感情，陶冶精神，修养人格等，其用也似乎最空洞。所以有许多学校中，除音乐教师而外，大都看轻音乐，比图画尤其看轻。甚至连音乐教师也看轻音乐，敷衍塞责地教他的功课。

这是因为向来讲音乐的效果，总是讲它的空洞的方面，而不讲实用的方面。所以大家不肯起劲。这好比劝人念南无阿弥陀佛十遍百遍或千遍可获现世十种功德，人皆不相信。又好比只开支票，不给现洋，人皆不欢迎。

《中学生》杂志创刊以来，好像没有谈过音乐（我没有查旧账，只凭记忆，也许记错了。但即使有，一定甚少）？现在我来谈谈。一切空洞的话都不讲，从音乐的实用谈起。

听说，日本九州有一个大机械工厂，厂里雇用着大群的女工。每天夜班做工的时候，女工们必齐声唱歌。一面唱歌，一面工作，工率会增高，出产额比别厂大得多。但夜工的时间很长，齐唱的声音又大，妨碍了工厂邻近的人们的安睡，邻人们抗议无效，便提出公诉。诉讼的结果，工厂方面负了，只得取消唱歌。取消之后，女工们的工率大为减低，工厂的生产大受影响，云云。

听说，美国有一种习字用的蓄音机唱片，其音乐的旋律与节奏，恰符合着写英字时的手的运动。小学生练习书法时，一面听蓄音机，一面写字，其工作又省力，又迅速，又成绩良好。这等方法是由种田歌、采茶歌、摇船歌、纺纱歌等加以科学的改进而来的。又可说是扛抬重物的劳动者所叫的"杭育杭育"，或建筑工人打桩时的歌声的展进。我乡（恐怕我国到处皆然）有一种人，认为打桩的歌声中有鬼神。打桩的地方，经过的人必趋避，小孩尤不宜看。据说工人们打桩时，若把路过的人的名字或形容唱入歌中，桩便容易打进，同时被唱入歌中的人必然倒楣，要生大病，变成残废，甚或死去。因为那人的灵魂随了这桩木而被千钧之力打击，必然重伤或致命。而且，归咎于看打桩的瞎子、跛子、驼子或歪嘴，亦常有所见闻。但是，我每次经过打桩的地方，定要立定了脚倾听。他们不知在唱些什么歌曲？一人提头唱出，众人齐声附和。其旋律有时像咏叹调，有时像宣叙调；其节奏有时从容浩大，有时急速短促；其歌词则除"杭育"以外都听不清楚，不知道在念些什么？据邻家的三娘娘说，是在念过路人的姓名、服装或状貌，所以这种声音很可怕。但我并不觉得可怕，只觉得很自然，很伟大，很严肃。因为我看他们的样子，不是用气力来唱歌，而是用唱歌唤出气力来作工。所以其唱歌毫不勉强，非常自然。又看他们的工作，用人力把数丈长的大木头打进地壳里去，何等伟大而严肃！所以他们的歌声，有时像哀诉，呐喊，有时像救火，救命，有时像冲锋杀敌，阴风惨惨，杀气腾腾的。这种唱歌在工作上万万不能缺少。你们几曾见过默默地打桩的工人？假如有之，其桩一定打不进，或者其人都要吐血。音乐之用，没有比这更切实的了。那机械工厂的利用唱歌，和习字蓄音片（唱片）的制造，显然是从这里学得的。

听说，音乐又可以作治病的良药。大哲学家尼采曾经服这药而得灵验，有他自己的信为证。千八百八十一年十一月，尼采旅居意大利，偶在一处小剧场中听到法国音乐家比才（Georges Bizet, 1838—1875）的杰作歌剧《卡尔门》〔《卡门》〕（《Carmen》），这歌剧现在已非常普遍流行于世间，电影中已制片，各乐器都有这剧的音乐，开明书店的《口琴吹奏法》里也有《卡尔门》的口琴曲），被它的音乐所感动，热烈地爱好它。第二次开演时，尼采正在生病，扶病往听，听了之后病便霍然若失。次日写信给他的友人说："我近来患病，昨夜听了比才的杰作，病竟全愈了，我感谢这音乐！"（事见小泉洽著《音乐美学诸相》所载。）倘有人开一所卖"音乐"药的药房，这封大哲学家的信大可以拿去登在报章杂志上，作个广告。又据日本音乐论者田边尚雄的报告，用音乐治病的例很多：十九世纪初，法国有一位名医名叫裘伯尔的，常用音乐治病。这医生会唱种种的歌，好像备有种种的药一般。病人求治，不给药，但唱歌给他听，或用 clarinet〔单簧管〕（喇叭类乐器）吹奏极锐音的乐曲给他听。每日数回，饭前饭后，或睡前，其病数日便愈。又听说，怀娥铃〔小提琴〕（violin）治病是最好的良药。二百年前，法国每年盛行的 Carnaval〔谢肉祭（狂欢节）〕中，有人以热狂舞蹈而罹病者，用怀娥铃演奏乐曲给他听，催他入睡，醒来病便没有了。野蛮人中用音乐治病的实例更多：美洲可伦比亚河（哥伦比亚河）岸的野蛮人，凡遇生病，不服药，但请一老巫女来旁大声唱歌，又令十五六青年手持木板打拍子舞踊而和唱。病轻的唱一回已够，病重的唱数回便愈。又据非洲漫游者的报告，奴皮亚地方的人把病者施以美丽的服饰，拥置高台上，台下许多青年唱歌舞蹈，其病就会痊愈。又美洲印第安人的医生，都装扮得很美丽，且解歌舞，好像我们这里的优伶一般。这种话好像荒诞而属于迷信；但我看到我家的李家大妈的领孩子，确信它们并不荒诞，并非迷信。这种音乐治病法，是由李家大妈的唱歌展进而来。我家有一个小孩子，不时要吵，要哭，要跌跤，要肚痛。她娘也管她不了，只有李家大妈能克制她。其克制之法，就是唱歌。逢到她吵了，哭了，她抱着用手拍几下，唱歌给她听，她便不吵，不哭了。逢到她跌跤了，或肚痛了，蒙了不白之冤似地大声号哭，也只要李家大妈一到，抱着按摩一下，唱几只歌，孩子便会入睡，醒来时病苦霍然若失了。这并非偶然，唱歌的确可以催眠，音乐中不是有"眠儿歌"这一种乐曲的么？由此展进，也许可以有"醒睡歌"，"消食歌"，以至"镇痛歌"，"解毒歌"，"消痰止渴歌"，"养血愈风歌"等。也许那位法国的名医会唱这种歌，秘方不传，所以世间没有人知道。

听说，音乐又可以使人延年益寿。有许多长寿的音乐大家为证：法国名歌剧家奥裴尔〔奥柏〕（Daniel Auber，1782—1871）享年八十九岁。意大利的名歌剧家侃尔皮尼〔凯鲁比尼〕（Luigi Cherubini，1760—1842）享年八十二岁。

同国还有一位歌剧家洛西尼〔罗西尼〕（Gioacchino Rossini. 1792—1868）享年七十八岁。大名鼎鼎的乐圣法国人罕顿〔海顿〕（Joseph Haydn，1732—1809）享年七十七岁。德国怀娥铃作曲家史布尔〔施波尔〕（Louis Spohr，1784—1859）享年七十五岁。又一位大乐圣德国人亨代尔〔亨德尔〕（George Frederic Handel，1685—1759）享年七十四岁。有名的歌剧改革者格罗克〔格鲁克〕（Christoph Willibald Gluck，1714—1787）享年七十三岁。法国浪漫派歌剧家马伊亚裴亚〔梅耶贝尔〕（Giacomo Meyerbeer，1791—1864）也享年七十三岁。意大利作曲家比起尼（Piccini，1728—1800）享年七十二岁。意大利宗教音乐改革者巴雷史德利拿〔帕莱斯特里那〕（Palestrina，1524—1594）享年七十岁。日本平安朝的乐人尾张滨主年一百十余岁尚能在皇帝御前作"长寿舞"。我国汉文帝时盲乐人窦公，一百八十岁时元气犹壮。文帝问他长生之术，他说十三岁两目全盲，一心学琴至今，故得长生。

这样看来，音乐的效果不是空洞的，着实有实用之处。那么所谓"安慰感情，陶冶精神，修养人格"等等，不是一张空头支票，保存得好，将来可以兑现。

（原刊《中学生》1934 年 5 月第 45 号。）

精彩一句：

这样看来，音乐的效果不是空洞的，着实有实用之处。那么所谓"安慰感情，陶冶精神，修养人格"等等，不是一张空头支票，保存得好，将来可以兑现。

连祥品鉴：

这是丰子恺写给《中学生》杂志的一篇深入浅出的随笔。

丰子恺专谈音乐的实用事例，娓娓讲述中外与音乐有关的趣闻逸事，说明了音乐的实际功效：唱歌能提高工人工作的效率，听音乐能提高学习的效率，各类劳动号子也能激发劳动者的潜能。更神奇的是，音乐也能治病，使人延年益寿。

由此可见，说音乐能"安慰感情，陶冶精神，修养人格"，并非空洞的说教。

现如今，从 K 歌、崩迪的青年人或跳广场舞的大妈，想来都会赞同丰子恺的说法。

儿童与音乐

儿童时代所唱的歌，最不容易忘记。而且长大后重理旧曲，最容易收复儿时的心。

我总算是健忘的人，但儿时所唱的歌一曲也没有忘记。我儿时所唱的歌，大部分是光绪末年商务出版的沈心工编的小学唱歌。这种书现在早已绝版，流传于世的也大不容易找求。但有不少页清楚地印刷在我的脑中，不能磨灭。我每逢听到一个主三和弦（do, mi, sol）继续响出，心中便会想起儿时所唱的《春游》歌来。

> 云淡风轻，微雨初晴，假期恰遇良辰。
> 既栉我发，既整我襟，出游以写幽情。
> 绿阴为盖，芳草为茵，此间空气清新。（下略）

现在我重唱这旧曲时只要把眼睛一闭，当时和我一同唱歌的许多小伴侣的姿态便会一齐显现出来：在阡陌之间，携着手踏着脚大家挺直嗓子，仰天高歌。

有时我唱到某一句，鼻子里竟会闻到一阵油菜花的香气，无论是在秋天，冬天，或是在都会中的房间里。所以我无论何等寂寞，何等烦恼，何等忧惧，何等消沉的时候，只要一唱儿时的歌，便有儿时的心出来抚慰我，鼓励我，解除我的寂寞，烦恼，忧惧和消沉，使我回复儿时的健全。

又如这三个音的节奏形式一变，便会在我心中唤起另一曲《励学》歌来（因为这曲的旋律也是以主三和弦的三个音开始的）。

> 黑奴红种相继尽，唯我黄人酣未醒。
> 亚东大陆将沉没，一曲歌成君且听。
> 人生为学须及时，艳李秾桃百日姿。（下略）

我们学唱歌，正在清朝末年，四方多难，人心乱动的时候。先生费了半个小时来和我们解说歌词的意义。慷慨激昂地说，中国政治何等腐败，人民何等愚弱，你们倘不再努力用功，不久一定要同黑奴红种一样。先生讲时声色俱厉，眼睛里几乎掉下泪来。我听了十分感动，方知道自己何等不幸，生在这样危殆的祖国里。我唱到"亚东大陆将沉没"一句，惊心胆跳，觉得脚底下这块土地真个要沉下去似的。

所以我现在每逢唱到这歌，无论在何等逸乐，何等放荡，何等昏迷，何等冥顽的时候，也会警惕起来，振作起来，休验到儿时的纯正热烈的爱国的心情。

每一曲歌，都能唤起我儿时的某一种心情。记述起来，不胜其烦。诗人云："瓶花妥帖炉烟定，觅我童心二十年。"我不须瓶花炉烟，只消把儿时所唱的许多歌温习一遍，二十五年前的童心可以全部觅得回来了。

这恐怕不是我一人的特殊情形。因为讲起此事，每每有人真心地表示同感。儿时的同学们同感尤深，有的听我唱了某曲歌，能历历地说出当时唱歌教室里的情况来，使满座的人神往于美丽的憧憬中。这原是为了音乐感人的力至深至大的原故。回想起来，用音乐感动人心的故事，古今东西的童话传说中所见不可胜计，爱看童话的小朋友们，大概都会讲出一两个来的吧。

因此我惊叹音乐与儿童关系之大。大人们弄音乐，不过一时鉴赏音乐的美，好像喝一杯美酒，以求一时的陶醉。儿童的唱歌，则全心没入于其中，而终身服膺勿失。我想，安得无数优美健全的歌曲，交付与无数素养丰足的音乐教师，使他传授给普天下无数天真烂漫的童男童女？假如能够这样，次代的世间一定比现在和平幸福得多。因为音乐能永远保住人的童心。而和平之神与幸福之神，只降临于天真烂漫的童心所存在的世间。失了童心的世间，诈伪险恶的社会里，和平之神与幸福之神连影踪也不会留存的。

（1932 年 9 月 13 日为《晨报》作。）

精彩一句：

音乐能永远保住人的童心。

玉明品鉴：

对很多成年人来说，儿童时代唱过的一些歌曲印象深刻，一旦重新唱起自己就好像回到了纯真的童年时代。丰子恺此文谈到的是很多人都深有体会的经验之谈。这里面潜藏着一定的艺术欣赏规律。

人们常说，音乐是最富情感性的艺术。因此，在不同门类艺术的欣赏中，音乐欣赏比较容易打动人，而且感人至深。声乐欣赏中，一段熟悉的旋律就能很容易地让人自然而然地哼唱起来。儿童胸无成见，天真烂漫，在音乐欣赏中更容易全身心地投入。这是儿童时期的音乐活动经验之所以使人印象深刻的重要原因。由此，儿童时期的音乐活动对人的成长以及社会的意义就变得非常突出了。

纯真的童心意味着人的天真烂漫，意味着没有诡谲狡诈，意味着和平安详，意味着人生的审美化。用优美健全的音乐充实儿童的生活，这是个体人生艺术化的始点，也是社会艺术化的发端。

艺术与人生

艺术，在今日共有十二种，就是一、绘画，二、雕塑，三、建筑，四、工艺，五、音乐，六、文学，七、舞蹈，八、演剧，九、书法，十、金石，十一、照相，十二、电影。这一打艺术中，前八种是世界各国以前一向有的。后四种，是为现代中国新添的。因为这后四种中，书法和金石，是中国古来原有的艺术，而为外国所无的（日本有这两种艺术；但全是学习中国的。可看作中国艺术的一支流）。最后两种，照相和电影，则是最近世间新兴的艺术，现已流行于全世界的。所以我说，后四种是为现代中国新添的。

我们先来检点这一打艺术，看它们对于我们人生的关系状态如何：第一，绘画，是大家所常见的。无论中国画，西洋画，其在人生的用处，大都只是看看的。除了看看以外，并无其他实用（肖像画可以当作遗像供养，或可说是一特例。但其本身仍是艺术。至于博物图等，则属于地图之类，不入绘画范围）。看看，好像是无关紧要的事；其实也很重要。我们的衣食住行，要求实用的便利以外，同时又要求形式的美观。"看"不是人生很重要的事吗？绘画，便是脱离了实用而完全讲究形式的美。使人看了悦目赏心，得到精神的涵养，感情的陶冶。所以虽然只是看看，而并无实用，在艺术上却占有很高的地位，被称为"纯正艺术"。

第二，雕塑，就是人物动物等的雕像或塑像。这与绘画同样，也只是给人看看，而并无实用的（纪念瞻拜用的铜像等，与肖像同例）。雕塑与绘画，其实同是一物；不过绘画在平面上表现美的形式，雕塑则在立体上表现美的形式，故雕塑是表现立体美的纯正艺术。

第三，建筑，就是造房屋。这种艺术，性状和前二者大不相同；都是有实用的。除了极少数的特例以外——例如宝塔，只是看看的，并无实用。凯旋门，也只是观瞻的，并非真要从这门中出入。——凡建筑都是供人住居的，即有实用的。但我们对于建筑，在"坚固"及"合用"两实用条件之外，又必讲求其形式的美观。例如宫殿，要求其形式的伟大，可使万民望而生畏。例如寺庙，要求其形式的崇高，可使信徒肃然起敬。例如住宅，要求其形式的优美，可使住的人心地安悦。……这便是艺术的工作。建筑之所以异于绘画雕塑者，即绘画雕塑可专为美观而自由制作，建筑则因实用（住居）条件的约束，在实用物上施以装饰。所以前二者被称为"自由艺术"，建筑则被称为"羁绊艺术"。又对于前二者的"纯正艺术"，建筑被称为"应用艺术"。

第四，工艺，就是器什日用品等的制作。这艺术的性质与建筑完全相同，不过建筑比它庞大一些罢了。这也是"羁绊艺术""应用艺术"。

第五，音乐，性状和前述四种大异，前述四种都是用眼睛看的。这音乐却是用耳朵听的。前述四种都是在空间的形式中表现美的，这音乐却是在时间的经过中表现美的。所以前四者被称为"视觉艺术""空间艺术"；音乐却被称为"听觉艺术""时间艺术"。这种时间艺术，对于我们人生有什么用处呢？还是同绘画一样，不过"听听"罢了，此外并无实用（结婚，出殡，用乐队，似是音乐的实用，其实乐曲的本身仍是一种独立的艺术）。"听听"有什么好处呢？也同"看看"一样，可以涵养精神，陶冶感情。音乐能用声音引诱人心，使无数观众不知不觉地进入于同样的感情中。这叫做音乐的"亲和力"。凡艺术都有亲和力，而音乐的亲和力特别大。所以为政，治国，传教，从军等，都盛用音乐。故"听听"看似无关紧要，其实用途极大。

第六，文学，这种艺术的性质，和前述五种又不同。它是用言语当作工具的一种艺术。换言之，它是制造美的言语的一种艺术，言语是听赏的。（文学作品为欲传到后代及远方，故用铅字印成书本。我们看书，并非欣赏铅字，却仍是听说话。）故文学和音乐同属于听觉艺术。文学之所以异于音乐者，音乐不表出具体的意义，只诉于人的感情；文学则音调之外又表出具体的意义，兼诉于人的思想。讲到它在人生的用处，倒很复杂。有一部分文学，是有实用的，例如书牍之类。还有一部分文学，却是没有实用，竟是表现语言美的，例如诗词之类。故文学兼有"纯正艺术"与"应用艺术"，"自由艺术"与"羁绊艺术"双方面的性质。即既供实用，又供欣赏。所以文学在世界各国，都是最发达的艺术。

第七，舞蹈，这是用人的身体的姿势来表现美的一种艺术。其性质与音乐相似，而且大多同音乐合并表现（默舞是舞蹈的独立表现）。这完全没有实用，只供欣赏。

第八，演剧，这种艺术，与文学有密切关联，可说是文学的另一种表现法。文学用言语讲给人听，使听者在脑筋中想象出其情节来。演剧则由舞台代替了读者的脑筋，把情节实际地演出来。故文学可说是脑筋中演出的演剧，演剧可说是舞台上写出的文学。这种艺术，情形很复杂；包括上述的文学，音乐，舞蹈以及绘画，建筑，雕塑，工艺等一切艺术。所以演剧被称为"综合艺术"。讲到它在人生的用处，却完全是欣赏的——观赏的及听赏的。文学中还有实用文，演剧中却没有实用剧。

第九，书法，这是中国所特有的艺术，为什么中国特有呢？一者，外国人用钢笔，书法艺术不发育。中国人用 brush，写字就同描画一样。二者，外国文字用字母拼，就同电报号码差不多，不容易作成艺术。中国文字有象形，指事，根本同描画一样，所以中国人说"书画同源"。因此二故，书法是中国特有的艺术（日本也有，但前已说过，日本绘画模仿我国，其书法也模仿我国，与我国全同）。现在我们来检点一下，书法艺术在人生有何用处？这与绘画不同，却和文学一样，有实用的，有欣赏的。例如函牍，碑文等，是实用的；对联，屏轴等，是欣赏的。然实用与欣赏又往往兼并，同建筑一样。例如古代的碑文，名家的函牍等，一方面有实用，一方面又是供人欣赏研究的艺术品。在写信写账等事务中，可以实行艺术创作，这是中国人的特权。中国实在是世界最艺术的国家！

第十，金石，这也是中国特有的艺术。而且是世间一切艺术中最精致的艺术。外国有一种小画，叫做 miniature，在一个徽章上画一幅油画，可谓精致了，但其技法近于雕虫，远不及中国的金石的高尚。中国的金石，其好坏不在乎刻得工细与粗草，却在乎字的章法和笔法上。在数方分的面积中，作成一个调和、美丽、圆满无缺的小天地，便是金石的妙境。中国人常把"书画金石"三者并称。因为三者有密切的相互关系。故中国的画家往往能书，书家往往能治金石。像吴昌硕先生，便是兼长三者的。他晚年自己说，画不及书，书不及金石。可见金石是很高深的一种艺术。讲到它在人生的用处，就同书法一样：实用又兼欣赏。

第十一，照相，原来是工艺之一种，并不独立。近年来照相模仿绘画，表现独立的风景美，世人称为"美术照相"；于是照相就由"准艺术"升为正式的一种艺术。这种艺术在人生的用处，就与绘画相同，它原是为了模仿绘画而成为艺术的。不过属于工艺的照相，便和工艺相同，是有实用的。

第十二，电影，是最近发达的一种艺术。发达得很，现已普遍于全世界。这是以演剧为根据，以照相为工具的一种新艺术。这仿佛是演剧的复制品。它的性质，就和演剧相同。它在人生的用处，也与演剧全同，只是欣赏的，并无实用（有些教育影片，不在艺术范围之内）。

以上已把十二种艺术对我们人生的关系状态约略地说过了。可知一切艺术，在人生都有用，不过其"用"的性状不同；有的直接有用，有的间接有用。即应用艺术是直接有用的，纯正艺术是间接有用的。近来世人盛用"为艺术的艺术"与"为人生的艺术"这两个新名词。我觉得这两个名词，有些语病。世间一切文化都为人生，岂有不为人生的艺术呢？所以我今天讲艺术与人生，避去这种玄妙的名词，而用切实浅显的说法。艺术在对人生的关系上，可分为"直接有用的艺术"与"间接有用的艺术"两种。前者以建筑为代表，后者以音乐为代表。

然而这个分法，也不是绝对判然的。因为艺术这件东西，本是人的生活的反映。人的生活错综复杂，艺术也就错综复杂，不能判然分别。建筑与音乐，是实用与非实用两种极端。其他各种艺术，就位在这两种极端之间，或接近这端，或接近那端，都无定位。总之，凡是对人生有用的美的制作，都是艺术。若有对人生无用（或反有害）的美的制作，这就不能称为艺术。前述的"为艺术的艺术"，大概便是指此。那就不在我今天所讲的范围之内。

我从艺术对人生的用处上着眼，把建筑和音乐分配在两个极端。但进一步看，艺术不是一直线，却是一弧线。有时弧线弯合拢来，接成一个圆线。则两极端又可会合在一点，令人无从辨别，明言之，即直接有用的艺术，有时具有极伟大的间接的效果。反之，间接有用的艺术，有时也具有极伟大的直接的效果。就建筑和音乐两种艺术看，即可明白。

建筑，如前所说，差不多全部是有实用（住居）的，即直接有用的艺术。但是建筑的形式，对于人的精神和感情，有时又有极大的影响，颇像音乐。希腊的殿堂便是最适当的实例。纪元前，希腊全盛时代，雅典的城堡上有一所殿堂，是供养守护国家的女神的，叫做 Parthenon〔帕提侬（神庙）〕这殿堂全部用世间最良的大理石和黄金象牙造成，全部不用水泥或钉子，概由正确精致的接合法，天衣无缝，好比天生成的。各部构造，又应用所谓"视觉矫正法"，为了眼睛的错观，特把各部加以变化，使它映入网膜时十分正确。——例如阶石，普通总是水平直线。但人的眼睛有错觉。看见阶石上面载着殿堂全部的分量，似觉阶石要弯下去，好比载重的木条一样，很不安定。为欲弥补这缺陷，希腊人把阶石作成向上凸的弧线，使它同错觉抵消，在网膜上映成十分平稳正确的直线。诸如此类——这殿堂真可谓尽善尽美，故美术史上称它为"世界美术的王冠"。讲到这殿堂的用处，这是供人民瞻拜神像之用的，分明是实用艺术，即直接有用的艺术。但是，在实际上，这直接的用处还是小用，其最大的效用，却是这殿堂的形式的全美所给与人心的涵养与陶冶。希腊这时候国势全盛，民生美满，为古今所罕有。其所以有此圆满发达状态者，其他政教当然有力，这殿堂的"亲和力"实在大有功劳。人民每天瞻仰这样完全无缺的美术品，不知不觉之中，精神蒙其涵养，感情受其陶冶，自然养成健全的人格。这种建筑，岂非有音乐一样的效果吗？

再看音乐，如前所说，全然是无实用的。音乐只能给人听赏。听赏以外，全无用处。然而从古以来，用音乐治国，用音乐治理群众的实例很多。中国古代，有两种有名的尽美尽善的音乐，叫做"韶"和"武"。孔子听了，"三月不知肉味"。我们虽然没有福分听到这种好音乐，据孔老先生的批评，可以想见这种音乐感人之力的伟大。据孔子说，周朝文王武王时代国势之盛，韶武与有力焉。下至近代，利用音乐来宣传宗教，或鼓励士气，其例不胜枚举。这固然是艺术的间接的用。但你如果把"用"字范围放宽，则间接的用与直接的用实在一样，不过无形与有形的区别罢了。

这样说来，凡艺术（不良，有害的东西当然不列在内），可说皆是有实用的，皆是为人生的。这里我想起一个比方：我觉得美好比是糖。糖可以独用（即吃纯粹的糖），又可以掺用（即附加在别的食物中）。白糖，曼殊大师所爱吃的粽子糖等，是纯粹的糖。香蕉糖，橘子糖，柠檬糖等便不纯粹，糖味中掺入了他味。糖花生，糖核桃，糖山楂，糖梅子，糖圆子等，则是他味中掺入了一点糖味，他味为主而糖为附了。用美造成艺术，正同用糖造成食物一样。纯粹的美，毫无实用分子，例如高深的"纯音乐"（pure music），中国的山水画，西洋的印象派绘画等，纯粹是声音和形色的美，好比白糖，粽子糖，是纯粹的糖，是吃糖专家，像曼殊大师等所爱吃的。又如标题音乐，历史画，宗教画，以及描写人生社会的文字等，声音及形色中附有事物思想，好比糖中附有香蕉橘子等的滋味，比纯糖味道适口些，为一般人所爱吃。又如建筑，工艺美术品，广告画，以及各种宣传艺术等，实用物中附加一些美饰，使人乐于接受，就好比糖花生，糖核桃，糖圆子等，在别物中附加一些甜味，使人容易入口。在这种艺术中，美不过是附加的一种装饰而已。

诸位或者要问：抗战艺术，以及描写民生疾苦，讽刺社会黑暗的艺术，是什么糖呢？我说，这些是奎宁糖。里头的药，滋味太苦，故在外面加一层糖衣，使人容易入口，下咽，于是药力发作，把病菌驱除，使人恢复健康。这种艺术于人生很有效用，正同奎宁片于人体很有效用一样。

故把艺术分为"为艺术的艺术"与"为人生的艺术"，不是妥善的说法。凡及格的艺术，都是为人生的。且在我们这世间，能欣赏纯粹美的艺术的人少，能欣赏含有实用分子的艺术的人多。正好比爱吃白糖的人少，而爱吃香蕉糖，花生糖的人多。所以多数的艺术品，兼有艺术味与人生味。对于这种艺术，我们所要求的，是最好两者调和适可，不要偏重一方。取手头最浅近的例来说：譬如衣服，也是一种工艺。如果太偏重了衣料，不顾身体的尺度，例如原始人的衣服，印度人的衣服，日本人的所谓和服等，那便可称为"为衣服的衣服"，究竟不很合用。反之，如果太偏重了身体的尺度，完全不顾衣料，例如有一种摩登女子的衣服（密切地裹着，身体各部都显出，我初见时疑心她穿的是海水浴用的衣服），那便可称为"为人生的衣服"，究竟不是良好的工艺品。又如椅子，也是工艺之一。如果太偏重了花样，像以前宫廷中的宝座，全是雕刻及装饰，而坐下去全不称身的，可说是"为椅子的椅子"。这种椅子我实在不要坐。反之，如果太偏重了人体，把臀部的模型都刻出在椅子上，两大腿之间还要高起一条（这种椅子，时有所见，不知是谁的创作。我每次看见，必起不快之感，疑心它是一种刑具）。这可说是"为人生的椅子"了！但是我情愿站着，不要坐这把椅子。世间爱用这种椅子的人恐怕极少吧。可知为衣服的衣服，为人生的衣服，都不是好衣服；为椅子的椅子，为人生的椅子，也不是好椅子。

我们不欢迎"为艺术的艺术"，也不欢迎"为人生的艺术"。我们要求"艺术的人生"与"人生的艺术"。

（原刊《时与潮》副刊 1943 年 7 月第 2 卷第 6 期。）

精彩一句：

所以多数的艺术品，兼有艺术味与人生味。对于这种艺术，我们所要求的，是最好两者调和适可，不要偏重一方。

连祥品鉴：

丰子恺论艺术，不照搬西方的说法。作为中国的艺术家，他把中国独有的书法和金石都算在艺术的园地里。丰子恺还能与时俱进，把当时刚流行的照相与电影也作为艺术来分析了。

艺术，大致可分为纯艺术和实用艺术，丰子恺分析了纯艺术中的音乐和实用艺术中的建筑，进而说明不管是纯艺术还是实用艺术，都与人生密切相关。丰子恺由此断定，"为艺术的艺术"与"为人生的艺术"其实是两个伪命题。

丰子恺所倡导的是"艺术的人生"与"人生的艺术"。

近年来，学界倡导"日常生活审美化"。丰子恺早在烽火连天的抗战时期，就在倡导人生的艺术化了。

图画与人生

我今天所要讲的，是"图画与人生"。就是图画对人有什么用处？就是做人为什么要描图画，就是图画同人生有什么关系？

这问题其实很容易解说：图画是给人看看的。人为了要看看，所以描图画。图画同人生的关系，就只是"看看"。

"看看"，好像是很不重要的一件事，其实同衣食住行四大事一样重要。这不是我在这里说大话，你只要问你自己的眼睛，便知道。眼睛这件东西，实在很奇怪：看来好像不要吃饭，不要穿衣，不要住房子，不要乘火车，其实对于衣食住行四大事，他都有份，都要干涉。人皆以为嘴巴要吃，身体要穿，人生为衣食而奔走，其实眼睛也要吃，也要穿，还有种种要求，比嘴巴和身体更难服侍呢。

所以要讲图画同人生的关系，先要知道眼睛的脾气。我们可拿眼睛来同嘴巴比较：眼睛和嘴巴，有相同的地方，有相异的地方，又有相关联的地方：

相同的地方在哪里呢？我们用嘴巴吃食物，可以营养肉体；我们用眼睛看美景，可以营养精神。——营养这一点是相同的。譬如看见一片美丽的风景，心里觉得愉快；看见一张美丽的图画，心里觉得欢喜。这都是营养精神的。所以我们可以说：嘴巴是肉体的嘴巴，眼睛是精神的嘴巴——二者同是吸收养料的器官。

相异的地方在哪里呢？嘴巴的辨别滋味，不必练习。无论哪一个人，只要是生嘴巴的，都能知道滋味的好坏，不必请先生教。所以学校里没有"吃东西"这一项科目。反之，眼睛的辨别美丑，即眼睛的美术鉴赏力，必须经过练习，方才能够进步。所以学校里要特设"图画"这一项科目，用以训练学生的眼睛。眼睛和嘴巴的相异，就在要练习和不要练习这一点上。譬如现在有一桌好菜蔬，都是山珍海味，请一位大艺术家和一位小学生同吃。他们一样地晓得好吃。反之，倘看一幅名画，请大艺术家看，他能完全懂得它的好处。请小学生看，就不能完全懂得，或者莫名其妙。可见嘴巴不要练习，而眼睛必须练习。所以嘴巴的味觉，称为"下等感觉"。眼睛的视觉，称为"高等感觉"。

相关联的地方在哪里呢？原来我们吃东西，不仅用嘴巴，同时又兼用眼睛。所以烧一碗菜，油盐酱醋要配得好吃，同时这碗菜的样子也要装得好看。倘使乱七八糟地装一下，即使滋味没有变，但是我们看了心中不快，吃起来滋味也就差一点。反转来说，食物的滋味并不很好，倘使装潢得好看，我们见了，心中先起快感，吃起来滋味也就好一点。学校里的厨房司务很懂得这个道理。他们做饭菜要偷工减料，常把形式装得很好看。风吹得动的几片肉，盖在白菜面上，排成图案形。两三个铜板一斤的萝卜，切成几何形体，装在高脚碗里，看去好像一盘金刚石。学生走到饭厅，先用眼睛来吃，觉得很好。随后用嘴巴来吃，也就觉得还好。倘使厨房司务不懂得装菜的方法，各地的学校恐怕天天要闹一次饭厅呢。外国人尤其精通这个方法。洋式的糖果，作种种形式，又用五色纸，金银纸来包裹。拿这种糖请盲子吃，味道一定很平常。但请亮子吃，味道就好得多。因为眼睛相帮嘴巴在那里吃，故形式好看的，滋味也就觉得好吃些。

眼睛不但和嘴巴相关联，又和其他一切感觉相关联。譬如衣服，原来是为了使身体温暖而穿的，但同时又求其质料和形式的美观。譬如房子，原来是为了遮蔽风雨而造的，但同时又求其建筑和布置的美观。可知人生不但用眼睛吃东西，又用眼睛穿衣服，用眼睛住房子。古人说："人之所以异于禽兽者，几希。"我想，这"几希"恐怕就在眼睛里头。

人因为有这样的一双眼睛，所以人的一切生活，实用之外又必讲求趣味。一切东西，好用之外又求其好看。一匣自来火，一只螺旋钉，也在好用之外力求其好看。这是人类的特性。人类在很早的时代就具有这个特性。在上古，穴居野处，茹毛饮血的时代，人们早已懂得装饰。他们在山洞的壁上描写野兽的模样，在打猎用的石刀的柄上雕刻图案的花纹，又在自己的身体上施以种种装饰，表示他们要好看，这种心理和行为发达起来，进步起来，就成为"美术"。故美术是为了眼睛的要求而产生的一种文化。故人生的衣食住行，从表面看来好像和眼睛都没有关系，其实件件都同眼睛有关。越是文明进步的人，眼睛的要求越是大。人人都说"面包问题"是人生的大事。其实人生不单要吃，又要看；不单为嘴巴，又为眼睛；不单靠面包，又靠美术。面包是肉体的食粮，美术是精神的食粮。没有了面包，人的肉体要死。没有了美术，人的精神也要死——人就同禽兽一样。

上面所说的，总而言之，人为了有眼睛，故必须有美术。现在我要继续告诉你们：一切美术，以图画为本位，所以人人应该学习图画。原来美术共有四种，即建筑，雕塑，图画，和工艺。建筑就是造房子之类，雕塑就是塑铜像之类，图画不必说明，工艺就是制造什用器具之类。这四种美术，可用两种方法来给它们分类。第一种，依照美术的形式而分类，则建筑，雕刻，工艺，在立体上表现的叫做"立体美术"。图画，在平面上表现的，叫做"平面美术"。第二种，依照美术的用途而分类，则建筑，雕塑，工艺，大多数除了看看之外又有实用（譬如住宅供人居住，铜像供人瞻拜，茶壶供人泡茶）的，叫做"实用美术"。图画，大多数只给人看看，别无实用的，叫做"欣赏美术"。这样看来，图画是平面美术，又是欣赏美术。为什么这是一切美术的本位呢？其理由有二：

第一，因为图画能在平面上作立体的表现，故兼有平面与立体的效果。这是很明显的事，平面的画纸上描一只桌子，望去四只脚有远近。描一条走廊，望去有好几丈长。描一条铁路，望去有好几里远。因为图画有两种方法，能在平面上假装出立体来，其方法叫做"远近法"和"阴影法"。用了远近法，一寸长的线可以看成好几里路。用了阴影法，平面的可以看成凌空。故图画虽是平面的表现，却包括立体的研究。所以学建筑，学雕塑的人，必须先从学图画入手。美术学校里的建筑科，雕塑科，第一年的课程仍是图画，以后亦常常用图画为辅助。反之，学图画的人就不必兼学建筑或雕塑。

第二，因为图画的欣赏可以应用在实生活上，故图画兼有欣赏与实用的效果。譬如画一只苹果，一朵花，这些画本身原只能看看，毫无实用。但研究了苹果的色彩，可以应用在装饰图案上，研究了花瓣的线条，可以应用在瓷器的形式上。所以欣赏不是无用的娱乐，乃是间接的实用。所以学校里的图画科，尽管画苹果，香蕉，花瓶，茶壶等没有用处的画，由此所得的眼睛的练习，便已受用无穷。

因了这两个理由——图画在平面中包括立体，在欣赏中包括实用——所以图画是一切美术的本位。我们要有美术的修养，只要练习图画就是。但如何练习，倒是一件重要的事，要请大家注意：上面说过，图画兼有欣赏与实用两种效果。欣赏是美的，实用是真的，故图画练习必须兼顾"真"和"美"这两个条件。具体地说：譬如描一瓶花，要仔细观察花，叶，瓶的形状，大小，方向，色彩，不使描错。这是"真"的方面的功夫。同时又须巧妙地配合，巧妙地布置，使它妥帖。这是"美"的方面的功夫。换句话说，我们要把这瓶花描得像真物一样，同时又要描得美观。再换一句话说，我们要模仿花，叶，瓶的形状色彩，同时又要创造这幅画的构图。总而言之，图画要兼重描写和配置，肖似和美观，模仿和创作，即兼有真和美。偏废一方面的，就不是正当的练习法。

在中国，图画观念错误的人很多。其错误就由于上述的真和美的偏废而来，故有两种。第一种偏废美的，把图画看作照相，以为描画的目的但求描得细致，描得像真的东西一样。称赞一幅画好，就说"描得很像"。批评一幅画坏，就说"描得不像"。这就是求真而不求美，但顾实用而不顾欣赏，是错误的。图画并非不要描得像，但像之外又要它美。没有美而只有像，顶多只抵得一张照相。现在照相机很便宜，三五块钱也可以买一只。我们又何苦费许多宝贵的钟头来把自己的头脑造成一架只值三五块钱的照相机呢？这是偏废了美的错误。

第二种，偏废真的，把图画看作"琴棋书画"的画。以为"画画儿"，是一种娱乐，是一种游戏，是消遣的。于是上图画课的时候，不肯出力，只想享乐。形状还描不正确，就要讲画意。颜料还不会调，就想制作品。这都是把图画看作"琴棋书画"的画的原故。原来弹琴，写字，描画，都是高深的艺术。不知哪一个古人，把"着棋"这种玩意儿凑在里头，于是琴，书，画三者都带了娱乐的，游戏的，消遣的性质，降低了它们的地位，这实在是亵渎艺术！"着棋"这一件事，原也很难；但其效用也不过像叉麻雀，消磨光阴，排遣无聊而已，不能同音乐，绘画，书法排在一起。倘使着棋可算是艺术，叉麻雀也变成艺术，学校里不妨添设一科"麻雀"了。但我国有许多人，的确把音乐，图画看成与麻雀相近的东西。这正是"琴棋书画"四个字的流弊。现代的青年，非改正这观念不可。

图画为什么和着棋，叉麻雀不同呢？就是为了图画有一种精神——图画的精神，可以陶冶我们的心。这就是拿描图画一样的真又美的精神来应用在人的生活上。怎样应用呢？我们可拿数学来作比方：数学的四则问题中，有龟鹤问题：龟鹤同住在一个笼里，一共几个头，几只脚，求龟鹤各几只？又有年龄问题：几年前父年为子年之几倍，几年后父年为子年之几倍？这种问题中所讲的事实，在人生中难得逢到。有谁高兴真个把乌龟同鹤关在一只笼子里，教人猜呢？又谁有真个要算父年为子年的几倍呢？这原不过是要借这种奇奇怪怪的问题来训练人的头脑，使头脑精密起来。然后拿这精密的头脑来应用在人的一切生活上。我们又可拿体育来比方，体育中有跳高，跳远，掷铁球，掷铁饼等武艺。这在我们的日常生活中也很少用处。有谁常要跳高，跳远，有谁常要掷铁球铁饼呢？这原不过是要借这种武艺来训练人的体格，使体格强健起来。然后拿这强健的体格去做人生一切的事业。图画就同数学和体育一样。人生不一定要画苹果，香蕉，花瓶，茶壶。原不过要借这种研究来训练人的眼睛，使眼睛正确而又敏感，真而又美。然后拿这真和美来应用在人的物质生活上，使衣食住行都美化起来；应用在人的精神生活上，使人生的趣味丰富起来。这就是所谓"艺术的陶冶"。

图画原不过是"看看"的。但因为眼睛是精神的嘴巴，美术是精神的粮食，图画是美术的本位，故"看看"这件事在人生竟有了这般重大的意义。今天在收音机旁听我讲演的人，一定大家是有一双眼睛的，请各自体验一下，看我的话有没有说错。

（原刊《中学生》1936 年 10 月第 68 号。）

精彩一句：

拿这真和美来应用在人的物质生活上，使衣食住行都美化起来；应用在人的精神生活上，使人生的趣味丰富起来。这就是所谓"艺术的陶冶"。

连祥品鉴：

人通过眼耳鼻舌身五种感觉器官来感知人事物景。这五种感官中，最活跃的是眼睛。人脑接受到的信息，90% 以上来自眼睛。不过有些人有一双会欣赏美的慧眼，而有些人的普通眼却发现不了美感。

丰子恺认为，通过画图画，就能训练出会欣赏美的慧眼来。图画是一切美术的基础，慢慢学会了画图画，就能画得真切，画出美感，于是就懂得了欣赏平面的画，进而能欣赏雕塑和建筑等立体的画了。

会欣赏美的眼睛，与耳鼻舌身等感官结合，人的精神生活就能变得丰富多彩。由此可见，由图画训练出来的会欣赏美的慧眼，有益于美好的人生。

音乐与人生

一定有多数的学生感到：上音乐课——唱歌——比上别的课更为可亲，音乐教室里的空气比别处的空气更为温暖。即此一点，已可窥见音乐与人生关系的深切。艺术对于人心都有很大的感化力。音乐为最微妙而神秘的艺术。故其对于人生的潜移默化之力也最大。对于个人，音乐好像益友而兼良师；对于团体生活，音乐是一个无形而有力的向导者。

个人所受于音乐的惠赐，主要的是慰安与陶冶。

我们的生活，无论求学、办事、做工，都要天天运用理智，不但身体勤劳，精神上也是很辛苦的。故古人有"世智""尘劳"等话。可见我们的理智生活很多辛苦，感情生活是常被这世智所抑制而难得舒展的。给我以舒展感情生活的机会的，只有艺术。而艺术中最流动的、活泼的音乐，给我们精神上的慰安尤大。故生活辛劳的人，都自然地要求音乐。像农夫有田歌，舟人有棹歌，做母亲的有摇篮歌，一般劳动者都喜唱山歌，便是其实例。他们一日间生活的辛苦，可因这音乐的慰安而恢复。故外国的音乐论者说："music as food"。其意思就是说，音乐在人生同食物一样重要。食物是营养身体的，音乐是营养精神的，即

"音乐是精神的食粮"。

音乐既是精神的食粮，其影响于人生的力当然很大。良好的音乐可以陶冶精神，不良的音乐可以伤害人心。故音乐性质的良否，必须审慎选择。譬如饮料，牛乳的性质良好，饮了可使身体健康；酒的性质不良，饮了有害身体。音乐也如此，高尚的音乐能把人心潜移默化，养成健全的人格；反之，不良的音乐也会把人心潜移默化，使他不知不觉地堕落。故我们必须慎选良好的音乐，方可获得陶冶之益。古人说，"作乐崇德"。就是因为良好的音乐，不仅慰安，又能陶冶人心，而崇高人的道德。学校中定音乐为必修科，其主旨也在此。所以说，音乐对于个人是益友而兼良师。

团体所受于音乐的支配力更大。吾人听着或唱着一种音乐时，其感情同化于音乐的曲趣中。故大众同听或同唱一种音乐时，大众的感情就融洽，团结的精神便一致。爱国歌可使万民慷慨激昂，军歌可使三军勇往直前，追悼歌可使大众感慨流泪，便是音乐的神秘的支配力的显示。古人有"乐以教和"的话，其意思就是说，音乐能使大众的心一致和洽。故自来音乐的发达与否，常与民族的盛衰相关，其例证很多：我国古时周公制礼作乐，而周朝国势全盛，罗马查理大帝（Charlemagne，768—814）的统一欧洲，正是"格列高里式歌谣（格里哥利圣咏）"〔上代罗马法王（教皇）Gregory I（格里哥利一世）所倡的音乐〕发达的时代。普法战争以前的德国，国势非常强盛。当时国内音乐也非常发达，裴德芬〔贝多芬〕（Beethoven）、修裴尔德〔舒柏特〕（Schubert）、孟特尔仲〔门德尔松〕（Mendelssohn）、修芒〔舒曼〕（Schumann）、勃拉姆斯（Brahms）等大音乐家辈出，握世界音乐的霸权。又如西班牙国力衰弱时，国内不正当的俗乐非常流行，日本江户时代盛行淫荡的俗乐，国势就很衰弱。凡此诸例，虽然不能确定音乐的盛衰是民族盛衰的原因，但至少是两者互相为因果的。郑卫的音乐被称为"亡国之音"。可知音乐可以兴国，也可以亡国。所以说，音乐对于团体是有力的向导者。

今日的中国，正需要着这有力的向导者。我们的民族精神如此不振，缺乏良好的大众音乐是其一大原因。欲弥补这缺陷，需要当局的提倡，作家的努力和群众的理解。这册教科书的效用只及于最后的一项而已。

（选自《开明音乐教本·乐理编》，上海开明书店 1935 年版。）

精彩一句：

音乐为最微妙而神秘的艺术。故其对于人生的潜移默化之力也最大。

连祥品鉴：

谈音乐与人生，往往容易谈得空泛。丰子恺却从上音乐课说起，凡上过学的人，都能体会到上音乐课的亲切。

在中国传统文化中，历来强调音乐的"教化"作用。孔子推崇周公制礼作乐而国势强盛。与此相反，郑卫的音乐却是"亡国之音"。

国外的情况也是如此，音乐强盛则国势强盛，低俗音乐流行时国势也相应衰弱。

因此，丰子恺希望国人能多多接受健康音乐的熏陶。

为什么学图画

不欢喜图画的人以为"我将来并不要靠画图吃饭，不会画图打什么紧？图画课不上也不妨"。

然而他们想错了。假如照他们所说，中学校里的图画课是为欲教学生做画家而设，将来他们长大起来，中国的四万万人仝体是画家了！世间哪会有这样的事？故可知学图画决不是想做画家。

其次，假如照他们所想，学校中的功课要直接有用处才应该学习，那么中学校的课程表上的科目大半可以废止了。因为在一般人们的实际生活中，哪个每天在解方程式，烧试验管，探显微镜呢？故可知学图画不是要直接应用的。

学图画决不是想做画家，也不是要在将来直接应用，那么为什么大家要学图画呢？诸生务须先把这个根本问题想一想清楚，然后跨进图画教室去。现在让我来代替怀这个疑问的人解说一番：

假如有两个母亲，都到衣料店去购买绸布，为小孩子做衣服。一个母亲很有钱，买了时髦的绫罗缎匹来；可是她不会裁缝，衣服的质料尽管贵重，而孩子们穿了姿态十分难看。还有一个母亲虽然钱很少，只买了几尺粗布，但是她对于服装样式很知道美恶，又长于裁缝，故所做的衣服虽然只是一件布衫，而孩子们穿了怪有样子，令人觉得可爱。

又假如有两处饮食店，一处烧菜用的材料都是山珍海味，可是不会调味，油盐酱醋配得不宜，盛菜的器皿和座位也粗污而不讲形式。另一处材料虽然只有蔬菜之类，但滋味调得恰好，盛菜的器皿和座位也清洁而形式美观，令人入座就觉得快适。

假如你们遇见这两个母亲，和这两处饮食店，请问赞许哪一个和哪一处？我想一定赞许后者的吧。因为我知道人都欢喜美观与快适。

原来人们都是欢喜感觉的快美的。故对于物，实用之外又必要求形色的美观。试看看糖果店内的咖啡糖，用五色灿烂的锡纸包裹着，人们就欢喜购食，而且滋味似比不包裹的好得多。所以有人说，"人们吃东西不仅用口，又兼用眼。"同是一杯茶，盛的杯子的形式的美恶与茶的滋味的好坏大有关系。同是一盘菜，形色装得美观，滋味似乎也甘美。馈赠的饼饵，全靠有装潢，故能使人欢喜；送礼的两块钱，全靠有红封袋，故能表示敬意。商店的样子窗装饰华丽，可以引诱主顾；旅馆的房间布置精美，可以挽留旅客。……我们的生活中，这样的例不遑枚举。可见人们是天生成爱好快美的。

照上述的实例想来，快美之感，在人类生活上是何等重大的必要条件！为了形式的缺乏而受损失的例，事实上也很多。就如前述的例：衣服形式不良，把贵重的绫罗糟塌了。商店装饰不美，其商业必受很大的影响。在美的要求强盛的现代，商品几乎是全靠装潢而畅销的了。

使我们起快美之感的东西，必具有美好的形状与色彩。反之，使我们起不快之感的东西，必定是其形状与色彩不美的原故。怎样的形色是美的？怎样的形色是不美的？怎样可使形色美观而催人快感？这练习便是图画的最重要的目的。

故学图画并不是想做画家，也不是要把图画直接应用。我们所以大家要学图画者，因为大家是人，凡人的生活都要求快美之感，故大家要能辨别形色的恶美，即大家要学图画。

男学生们说："我并不是女子，将来并不要做母亲而缝衣服。"女学生们说："我将来并不要开旅馆而布置房间。"这话显然是错误的了。因为既然是人，没有一个人不要求快美之感，即没有一个人可以没有辨别形色美恶的能力，没有一个人可以不学图画。你们身上的服饰，桌上的文具，起卧的寝室，用功的教室，散步的庭园，哪一种可以秽恶而不求美观？猪棚一般的屋子和整洁的屋子，你们当然欢喜后者。假如你们的社会中有美丽的公园，有清洁的道路，有壮丽的公共建筑；你们的学校里有可爱的校园，畅快的运动场，整洁的自修室，庄严的会场，雅致的画室；你们的家庭中有清静的院子，温暖的房屋，悦目的书画、盆栽和陈设。这等便是地方的当局、你们的校长父母等为你们设备着的。可知做官吏，做校长，做父母，都应该学过图画。他们没有一人不常在画图画，不过他们的图画不画在纸上，而画在地方上，学校里，家庭中罢了。他们是在地方上，学校里，家庭中，应用着他们的图画的修养。假如他们没有图画的修养，没有对于形色美恶的鉴赏力，没有美术的眼识，人民一定不得享受这般美丽的社会，学校和家庭的幸福，而在秽恶不堪的社会，牢狱式的学校，猪棚一般的家庭中受苦了。

且不说什么人生的幸福。至少，可以免除一种可笑的愚举。世间往往有出了许多力，费了许多金钱，而反受识者的讥笑的愚举。富商的家里购备着红木的家具。然不解趣味，其陈设往往恶俗不堪。好时髦的女郎盲从流行而竞尚新装，然不辨美恶，有时反而难看，其徒劳着实可怜！就如前述的母亲，出重价为孩子制了衣服，反而在这里受我们的批评，岂不冤枉！

你们将来毕业之后，无论研究何种专门学问，从事何种社会事业，无论做官，做商，做工，做先生，做兵士，切勿忘却中学时代所修得的图画的趣味。这能增加人生的幸福，故图画可说是人生的永远必修的课业。

（原刊《中学生》1930 年 1 月第 1 号。）

精彩一句：

原来人们都是欢喜感觉的快美的。故对于物，实用之外又必要求形色的美观。

连祥品鉴：

如果我们问现如今的初中生，为什么学图画？不少中学生会说是为了中考加分。至于高中生为什么还要专门去学美术，家长往往会无奈地说："孩子的文化课不太好，考美术，高考的文化课低一点也行。"这些孩子学图画可谓"动机不纯"。

其实，不管动机如何，只要认真学习美术，就能获得一双会审美的"慧眼"，发现日常生活中的美。会审美的人，生活就会变得有品位。

当下的中国人，赞赏"小资情调"，有些瞧不起"土豪"，主要原因是小资们有品位，土豪们却没有。丰子恺进行对比的两类母亲，前者其实就是小资母亲，后者便是土豪母亲了。

中国画的特色
——画中有诗

一　两种的绘画

绘画，从所描写的题材上看来，可分两种：一种是注重所描写的事物的意义与价值的，即注重内容的。还有一种是注重所描写的事物的形状，色彩，位置，神气，而不讲究其意义与价值的，即注重画面的。前者是注重心的，后者是注重眼的。

注重内容的，在西洋画例如辽那独〔列奥纳多·达·芬奇〕（Leonardo）的《最后的晚餐》，拉费尔〔拉斐尔〕（Raphael）的《马童那（圣母像）》，是以宗教为题材的。米勒（Millet）的《拾穗》《持锄的男子》等，是以劳动、民众为题材的。洛赛典〔罗赛蒂〕（Rossetti, D.G.）的《斐亚德利坚的梦》等，是以文学的浪漫思想为题材的。在中国画，例如麒麟阁功臣像，武梁石室的壁画，是以帝王，圣贤，名士，烈女，战争等事为题材的。魏，晋，六朝的佛像，天尊图，是以宗教为题材的。顾恺之的《女史箴》，是以贵族生活，风教，道德为题材的。王摩诘的《江山雪霁图》，及大部分的中国山水画，是寄隐遁思想于山水的题材上的。这等画都注重所描写的事象的意义与价值，在画的内面含蓄着一种思想，意义，或主义，诉于观者的眼之外，又诉于观者的心。

注重画面的，如西洋画中的大部分的风景画，一切的静物画，中国画中的花卉，翎毛，蔬果，都是其例。这等画的目的不在所描写的事物的意义与价值。只要画面的笔法，设色，布局，形象，传神均优秀时，便是大作品。故赛尚痕〔塞尚〕（Cézanne）画的一块布和几只苹果，卖给美国的资本家值许多金镑。唐伯虎画的两只蟹要当几百两银子。日本某家画的三粒豆要卖六十块钱，使得一班商人翘舌惊问"一粒豆值二十元"？

这两种绘画，虽然不能概括地评定其孰高孰下，孰是孰否，但从绘画艺术的境界上讲起来，其实后者确系绘画的正格，前者倒是非正式的、不纯粹的绘画。什么缘故呢？绘画是眼的艺术，重在视觉美的表现。极端地讲起来，不必有自然界的事象的描写，无意义的形状，线条，色彩的配合，像图案画，或老画家的调色板，漆匠司务的作裙，有的也能由纯粹的形与色惹起眼的美感，这才是绝对的绘画。但这是穷探理窟的话，不过借来说明绘画艺术的注重视觉美罢了。所以不问所描的是什么事物，其物在世间价值如何，而用线条，色彩，构图，形象，神韵等画面的美来惹起观者的美感，在这论点上可说是绘画艺术的正格。回顾功臣图，武梁祠壁画，其实是政治的记载；释迦像，天尊像，耶稣，圣母，其实是宗教的宣传；《持锄的男子》及一切贫民、劳工的描写，其实是民主主义的鼓吹；《归去来图》《寒江独钓图》，其实是隐逸思想的讴歌。这等都是借绘画作手段，或者拿绘画来和别种东西合并，终不是纯粹的正格的绘画。微小的无意义的一粒豆，一片布，一只蟹，倒是接近的绘画的正格。

中国与西洋虽然都有这两类的绘画，但据我所见，中国画大都倾向于前者。西洋画则大都倾向于后者，且在近代的印象派，纯粹绘画的资格愈加完备。请陈其理由：

中国画中虽也有取花卉，翎毛，昆虫，马，石等为画材的，但其题材的选择与取舍上，常常表示着一种意见，或含蓄着一种象征的意义。例如花卉中多画牡丹、梅花等，而不欢喜画无名的野花，是取其浓艳可以象征富贵，淡雅可以象征高洁。中国画中所谓梅兰竹菊的"四君子"，完全是士君子的自诫或自颂。翎毛中多画凤凰、鸳鸯，昆虫中多画蝴蝶，也是取其珍贵、美丽，或香艳、风流等文学的意义。画马而不画猪，画石而不画砖瓦，也明明是依据物的性质品位而取舍的。唯其含有这等"画面下"的意义，故可说是倾向于第一种的。

回顾西洋画，历来西洋画的表现手法，例如重形似的写实，重明暗的描写，重透视的法则，已是眼的艺术的倾向。至于近代的印象派，这倾向尤趋于极端，全无对于题材选择的意见。布片，油罐头，旧报纸，都有入画的资格。例如前期印象派，极端注重光与色的描出。他们只是关心于画面的色彩与光线，而全然不问所描的为何物。只要光与色的配合美好，布片，苹果，便是大作品的题材。这班画家，仿佛只有眼而没有脑。他们用一点一点，或一条一条的色彩来组成物体的形，不在调色板上调匀颜料，而把数种色条或色点并列在画面上，以加强光与色的效果。所以前期印象派作品，大都近看混乱似老画家的调色板或漆匠司务的作裙，而不辨其所描为何物。远远地蒙眬地望去，才看出是树是花，或是器是皿。印象派的始祖莫南〔莫奈〕（Monet）所发表的第一次标树印象派旗帜的画，画题是《日出的印象》（《Impression：Soleil Levant》），画的是红的黄的，各色的条子，远望去是朝阳初升时的东天的鲜明华丽的模样。印象派的名称，就是评家袭用这画题上的"印象"二字而为他们代定的。像这类的画，趣味集中于"画面上"的形象、色彩、布置、气象等"直感的"美，而不关心所描的内容；且静物画特别多，画家就近取身旁的油罐头，布片，器具，苹果一类的日常用品为题材，全无选择的意见，也无包藏象征的或暗示的意义。故比较中国的花卉，翎毛，昆虫等画，更接近于纯粹绘画的境域。我写到这里，举头就看见壁上挂着的一幅印象派作品，谷诃〔凡·高〕（Gogh）的自画像。谷诃在这画中描着右手持调色板，左手执笔而坐在画架前的自己的肖像。这想来是因为自画像对镜而画，镜中的左右易位，故调色板拿在右手里，笔拿在左手里了。据我所知，右手执笔是东西洋一般的共通的习惯。这幅画忠于镜中所见的姿势的写实，而不顾左右易位的事实的乖误。这种注重形式而轻视意义的办法，仅见于印象派绘画。倘不是谷诃有左手执笔右手持调色板的奇习，这正是我现在的论证的一个好例了。

这两种倾向孰优孰劣，孰是孰非呢？却不便分量地批判，又不能分量地批判。在音乐上有同样的情形：不描写客观的事象而仅由音的结合诱起美感的、不用题名的乐曲，名为纯音乐或绝对音乐，其描写外界事象，而标记题名如《月光曲》《英雄交响乐》等，名为标题乐。纯音乐与标题乐，各有其趣味，不能指定其孰优孰劣，孰是孰非。同样，绘画的注重形式与注重内容也各有其价值，不能分量地批判，只能分论其趣味。注意文学的意义的绘画，与描写事象的标题乐，其实就是在绘画中与音乐中羼入一点文学。在严格的意义上，是绘画与文学，音乐与文学的综合艺术。纯粹的绘画，纯粹的音乐，好比白面包，羼入文学的意义的绘画与音乐好比葡萄面包。细嚼起白面包来，有深长的滋味，但这滋味只有易牙一流的味觉专家能领略。葡萄面包上口好，一般的人都欢喜吃。拿这譬喻推论绘画，纯粹画趣的绘画宜于专门家的赏识，羼入文学的意义的绘画适于一般人的胃口。试拿一幅赛尚痕的静物画布片与苹果，和米勒的《晚钟》并揭起来，除了几位研究线，研究 touch（日本人译为笔触）的油画专家注意赛尚痕以外，别的人——尤其是文学者——恐怕都是欢喜《晚钟》的吧！

所以我的意见，绘画中羼入他物，须有个限度。拿绘画来作政治记载，宗教宣传，主义鼓吹的手段，使绘画为政治、宗教、主义的奴隶，而不成为艺术，自然可恶！然因此而绝对杜绝事象的描写，而使绘画变成像印象派作品的感觉的游戏，作品变成漆匠司务的作裙，也太煞风景了！人生的滋味在于生的哀乐，艺术的福音在于其能表现这等哀乐。有的宜乎用文字来表现，有的宜乎用音乐来表现，又有的宜乎用绘画来表现。这样想来，在绘画中描点人生的事象，寓一点意思，也是自然的要求。看到印象派一类的绘画，似乎觉得对于人生的观念太少，引不起一般人的兴味。因此讴歌思想感情的一类中国画，近来牵惹了一般人的我的注意。

二　画中有诗

"画中有诗"，虽然是苏东坡评王维的画而说的话，其实可认为中国画的一般的特色。

中国画所含有的"诗趣"，可分两种看法：第一种，是画与诗的表面的结合，即用画描写诗文所述的境地或事象，例如《归去来图》依据《归去来辞》之类，或者就在画上题诗句的款，使诗意与画义，书法与画法作成有机的结合。如宋画院及元明的文人画之类。第二种看法，是诗与画的内面的结合，即画的设想，构图，形状，色彩的诗化。中国画的特色，主在于第二种的诗趣。第一种的画与诗的表面的结合，在西洋也有其例。最著的如十九世纪英国的新拉费尔前派的首领洛赛典（Dante Gabriel Rossetti，1828—1882）的作品。他同我们的王维一样，是一个有名的英诗人兼画家。他曾画莎翁剧中的渥斐利亚，又画但丁《神曲》中的斐亚德利坚的梦。第二层的内面的结合，是中国画独得的特色。苏东坡评王维的画为"画中有诗"，意思也就在此。请申述之：

中国画的一切表现手法，凡一山一水，一木一石，其设想，布局，象形，赋彩，都是清空的，梦幻的世界，与重浊的现实味的西洋画的表现方法根本不同。明朝时候欧洲人利玛窦到中国来，对中国人说："你们的画只画阳面，故无凹凸，我们兼画阴阳面，故四面圆满。"哪晓得这"无凹凸"正是中国画表现法的要素。无凹凸，是重"线"的结果。所以重线者，因为线是可以最痛快最自由地造出梦幻的世界的。中国画家爱把他们所幻想而在现世见不到的境地在画中实现。线就是造成他们的幻想世界的工具。原来在现实的世界里，单独的"线"的一种存在是没有的。西洋画描写现世，故在西洋画中（除了模仿中国画的后期印象派以外）线不单存在，都是形的界限或轮廓。例如水平线是天与海的形的界限，山顶是山的形的轮廓。虽然也有线，但这线是与形相关联的，是形的从属，不是独立的存在。只有在中国画中有独立存在的线，这"线的世界"，便是"梦幻的世界"。

做梦，大概谁也经验过：凡在现实的世界中所做不到的事，见不到的境地，在梦中都可以实现。例如庄子梦化为蝴蝶，唐明皇梦游月宫。化蝴蝶，游月宫，是人所空想而求之不得的事，在梦中可以照办。中国的画，可说就是中国人的梦境的写真。中国的画家大都是文人士夫，骚人墨客。隐遁，避世，服食，游仙一类的思想，差不多是支配历来的中国士人的心的。王摩诘被安禄山捉去，不得已做了贼臣，贼平以后，弟王缙为他赎罪，复了右丞职。这种浊世的经历，在他有不屑身受而又无法避免的苦痛。所以后来自己乞放还，栖隐在辋川别业的水木之间，就放量地驱使他这类的空想。假如他想到：最好有重叠的山，在山的白云深处结一个庐，后面立着百丈松，前面临着深渊，左面挂着瀑布，右面耸着怪石，无路可通；我就坐在这庐中，啸傲或弹琴，与人世永远隔绝。他就和墨伸纸，顷刻之间用线条在纸上实现了这个境地，神游其间，借以浇除他胸中的隐痛。这事与做梦有什么分别？这画境与梦境有什么不同呢？试看一般的中国画：人物都像偶像。全不讲身材四肢的解剖学的规则。把美人的衣服剥下，都是残废者，三星图中的老寿星如果裸体了，头大身短，更要怕死人。中国画中的房屋都像玩具，石头都像狮子老虎，兰花会无根生在空中，山水都重重叠叠，像从飞艇中望下来的光景，所见的却又不是顶形而是侧形。凡西洋画中所讲究的远近法，阴影法，权衡法（proportion），解剖学，在中国画中全然不问。而中国画中所描的自然，全是现世中所见不到的光景，或奇怪化的自然。日本夏目漱石评东洋画为"grotesque 的趣味"。grotesque（奇怪）的境地，就是梦的境地，也就是诗的境地。

我看到中国的旧戏与新式的所谓"文明戏"，又屡屡感到旧戏与中国画的趣味相一致，新戏与西洋画的趣味相一致。这真是一个很有趣的比喻。旧戏里开门不用真的门，只要两手在空中一分，脚底向天一翻；骑马不必有真的马，只要装一装腔；吃酒不必真酒，真吃，只要拿起壶来绕一个抛物线，仰起头来把杯子一倒；说一句话要摇头摆尾地唱几分钟。如果真有这样生活着的一个世界，这岂不也是 grotesque 的世界？与中国画的荒唐的表现法比较起来，何等地类似！反之，新戏里人物，服装，对话，都与日常生活一样，背景愈逼真愈好，骑马时舞台上跑出真的马来，吃酒吃饭时认真地吃，也都与现世一样。比较起西洋画的实感的表现法来，也何等地类似！

实际的门与马固然真切而近于事实，但空手装腔也自有一种神气生动的妙趣，不像真的门与真的马的笨重而煞风景；对唱固然韵雅，但对话也自有一种深切浓厚的趣味，不像对唱的为形式所拘而空泛。故论到画与诗的接近，西洋画不及中国画；论到剧的趣味的浓重，则中国画不及西洋画。中国画妙在清新，西洋画妙在浓厚；中国画的暗面是清新的恶称空虚，西洋画的暗面是浓厚的恶称苦重。于是得到这样一个结论：

"中国画是注重写神气的。西洋画是注重描实形的。中国画为了要活跃地写出神气，不免有时牺牲一点实形；西洋画为了要忠实地描出实形，也不免有时抹杀一点神气。"

头大而身伛偻，是寿星的神气。年愈高，身体愈形伛偻短缩而婆娑；寿星千龄万岁，画家非尽力画得身材缩短庞大，无以表出其老的神气。按之西洋画法上的所谓解剖学，所谓"八头画法"（eight heads，男身自顶至踵之长为八个头之长。中国画中的老寿星恐只有三四头），自然不合事理了。又山水的神气，在于其委曲变幻的趣致。为了要写出这趣致，不妨层层叠叠地画出山、水、云、树、楼、台，像"山外清江江外沙，白云深处有人家"或"山外青山楼外楼"一类的诗境。远近法（perspective）合不合，实际上有无这风景，正不必拘泥了，苏东坡所谓"画中有诗"，就是这个意思吧！

以上所论，就是我上面所说的第二种看法，画与诗的"内面的结合"。这是中国画的一般的特色。第一种看法，画与诗的表面的结合，在后面说的宋画院及元明以后的文人画中，其例甚多。中国画之所以与诗有这样密切的关系者，是文化的背景所使然。推考起来，可知有两种原因：第一，中国绘画在六朝以前一向为政治、人伦、宗教的奴隶，为羁绊艺术的时期很长久。因此中国的大画家差不多尽是文人或士大夫，从事学问的人，欢喜在画中寓一种意义，发泄一点思想。看画的人也养成了要在画中追求意义的习惯。第二，宋朝设立画院，以画取士，更完成了文人士夫的画风。分述如下：

三　文人画家与王维

中国画家之所以多文人士夫者，是因为中国画久为羁绊艺术的原故。我国的绘画，在六朝以前全是羁绊艺术。远溯古昔，周朝明堂的四门墉上画尧舜桀纣的像，及周公相成王之图，以供鉴戒。孔子看了徘徊不忍去，对从者说："此周之所以盛也。"汉宣帝命画功臣十一人像于麒麟阁，以旌表士大夫功勋。元帝命毛延寿画王昭君等后宫丽人，以便召令。后汉明帝画佛像，安置于陵庙，又命于白马寺壁上画《千乘万骑绕塔三匝图》。光武帝陈列古圣贤后妃像于楼台，以为鉴戒标目。灵帝、献帝，均于学门礼殿命画孔子及七十二弟子像。顺帝命作孝子山堂祠石刻，记载战争风俗等故事。桓帝命作武梁祠石室的刻画，刻的也是神话，历史，古代生活状态。这等各时代的绘画的重大作品，都是人伦的补助，政教的方便，又半是建筑物上的装饰。

到了六朝，方始渐渐脱却羁绊，发生以美为美的审美的风尚，为我国绘画的自由艺术的萌芽。然而那时候，春秋战国之世的自由思想的结晶的老子教，渐渐得势了。就造成了当时的山水画的爱自由、好自然的风尚。当时画家特别欢喜画龙，为它有无限变幻，而能显自然的力。他们欢喜画龙虎斗，暗寓物质为灵魂的苦战与冲突的意义。六朝以后，绘画虽脱离羁绊而为自由艺术，然在绘画中表现一种思想或意义，永远成了中国画的习惯。因此执笔者都让文人士夫，纯粹的画工，知名者极少。

中国的大画家，大都是文人，士夫，名士或隐者。从自由艺术的时代——六朝——说起，我国最早的大画家东晋的顾恺之，就是一个博学宏才的人，精通老庄之学的。他的最大作品，便是《〈女史箴〉图卷》（描写张华的《女史箴》的）与《〈洛神赋〉图卷》（描写曹植的《洛神赋》的）。同时的谢安，是宰相画家。王廙及其从孙画家王献之，从子书家王羲之，都是风流高迈的名士。戴家父子，戴逵、戴勃，是全家隐遁的。六朝的画家中，宗炳、王微二人正式地开了文人士夫画的先声。他们是山水名手，又作《画叙》文一篇，相偕隐于烟霞水石之间，弄丹青以自娱，为中国正式的 amateur（业余爱好者）画家的先锋。唐代开元三大家，吴带当风的吴道玄，北宗画祖的李思训，南宗画祖的王维，统是有官爵的。吴是内教博士。李是唐宗室，以战功显贵，官武卫大将军。王是进士，官尚书右丞。故世称南北宗画祖的"李将军与王右丞"。在宋代，特别奖励绘画，优遇画人，文人士夫的画家更多。如米元章及其子米友仁，都是书画学博士。马远，夏圭，梁楷，都为画院待诏，赐金带。元代的赵子昂即赵孟頫，封魏国公，又为当时学界第一人。明代画家多放浪诗酒的风流才子。像唐寅，祝枝山，文徵明，是其著者。董其昌兼长书画，亦有官爵。细查起中国绘画史来，就可知中国画家不是高人隐士，便是王公贵人。中国画隆盛期之所以偏在兵马仓皇的时代，如六朝、五代、南宋者，恐怕就是为了他们视绘画与诗文一样，所以"穷而后工"的吧！不过从来的画人中，诗与画兼长而最有名的，要推王维。"画中有诗"的荣冠，原只能加在他头上。他实在是中国画的代表的画家。现在略叙其生涯与艺术于下。

王维字摩诘，是太原人。玄宗开元九年擢第进士，官尚书右丞。奉事他母崔氏很孝，据说居丧时"柴毁骨立，殆不胜丧服"。摩诘通诸艺，诗人的地位与李杜并驾，为当时诗坛四杰之一。所以当时的权门富贵，都拂席相迎，宁王，薛王，尤其尊重他如师友。安禄山反，王摩诘为贼所捕，被迎到洛阳，拘留他在普施寺。安禄山晓得他的才能，强迫他做了给事中。因之贼平之后，他就以事贼之罪下狱。幸而他的弟王缙自愿削刑部侍郎职以赎兄罪。王摩诘得复右丞官职。后来他上书陈自己五短及其弟五长，乞放还，栖隐于辋川别业的木水琴书之间，悠悠地度其余生。他妻死后不再娶，孤居一室凡三十一年，隔绝尘累。他们兄弟均深信佛法，平居常蔬食，不茹荤血。隐居之间，襟怀高旷，魄力宏大，于画道颇多创意。渲淡墨法，就是他的创格。故当时的画家都说他是"天机到处，学不可及"的。苏东坡说："味摩诘之诗，诗中有画；观其画，画中有诗。"他的画，都是"无声诗"。后世文人，都学他的画风。中国绘画史上的文人画家的位置就愈加巩固了。

看了王摩诘的大作《江山雪霁图》，使人自然地想起他的"江流天地外，山色有无中"（《汉江临眺》）的两句诗。而因了苏东坡的一句话，我回想起他别的诗来，似乎觉得果然处处有画境了。他自从栖隐于辋川别业以后，对于自然非常爱好，每当临水登山，对落花啼鸟，辄徘徊不忍去，因此可知他是非常富于情感的人。所以他的画，即如《江山雪霁图》中所见，都像春日地和平，像Utopia（乌托邦）的安逸，绝无激昂的热情。原来他为人也如此：当他被安禄山所捕的时候，他只是私诵："万户伤心生野烟，百官何日再朝天？秋槐花落空宫里，凝碧池头奏管弦。"（《私成口号示裴迪》）

"私成口号"者，就是不落稿而口吟，窃自悲伤，并不起而反抗运命。被强迫做给事中，他也并不认为"有辱宗庙社稷"而坚拒。然这诗已从他心中吐露着他的失国的悲哀。我以为这与李后主的"最是仓皇辞庙日，教坊犹奏别离歌，挥泪对宫娥"同一态度。这也是一格；岂必骂贼而死，或自刎于宗庙，才算忠臣圣主呢？"什么宗庙，社稷，肮脏的东西！只有情是真的，善的，美的！"我不禁要为王摩诘与李后主的失节竭力辩护。

王摩诘的诗中，画果然很多。而且大都是和平的纤丽的风景画。据我所见，除了一幅"回看射雕处，千重暮云平"（《观猎》）壮美以外，其他多数是和平的、Utopia 的世界。如：

> 人闲桂花落，夜静春山空。（《鸟鸣涧》）
>
> 返影入深林，复照青苔上。（《鹿柴》）
>
> 家住水西东，浣纱明月下。（《白石滩》）
>
> 林深人不知，明月来相照。（《竹里馆》）
>
> 隔浦望人家，遥遥不相识。（《南坨》）
>
> 明月松间照，清泉石上流。（《山居秋暝》）
>
> 落花寂寂啼山鸟，杨柳青青渡水人。（《寒日氾上作》）
>
> 漠漠平沙飞白鹭，阴阴夏木啭黄鹂。（《积雨辋川》）

还有数幅是纤丽的：

> 竹喧归浣女，莲动下渔舟。（《山居秋暝》）
>
> 涧户寂无人，纷纷开且落。（《辛夷坞》）
>
> 黄莺弄不足，衔入未央宫。（《左掖梨花》）

以上数例，不过是我在手边的唐诗里面随便检出来的。想来他的"无形画"一定不止这几幅；且我所看中的在读者或不认为适当，也未可知。然他的诗中的多画，是实在的。

至于他的画，可惜我所见太少，不能饶舌。惟翻阅评论及记载，晓得他的画不是忠于自然的再现的工夫的，而是善托其胸中诗趣于自然的。他是把自己的深的体感托自然表出的。他没有费数月刻画描写嘉陵江三百余里山水的李思训的工夫，而有健笔横扫一日而成的吴道子的气魄。这是因为描写胸中灵气，必然用即兴的、sketch（速写）的表现法，想到一丘，便得一丘，想到一壑，便得一壑，这真是所谓"画中有诗"。

据评家说，王维平生喜画雪景，剑阁，栈道，罗网，晓行，捕鱼，雪渡，村墟等景色。他的山水是大自然的叙事诗。他所见的自然，像他的人，没有狂暴，激昂，都是稳静，和平。他的水都是静流，没有激湍。他的舟都是顺风滑走的，没有饱帆破浪的。他的树木都是疏叶的，或木叶尽脱的冬枯树，没有郁郁苍苍的大木，也没有巨干高枝的老木。他的画中没有堂堂的楼阁，只有田园的茅屋，又不是可以居人的茅屋，而是屋自己独立的存在，不必有窗，也不必有门，即有窗门，也必是锁闭着的。这等茅屋实在是与木石同类的一种自然。他的画中的点景人物，也当作一种自然，不当作有意识的人，不必有目，不必有鼻，或竟不必有颜貌。与别的自然物同样地描出。总之，他的画的世界就是他的诗的世界。故董其昌说他的《江山雪霁图》为"墨皇"，又说"文人画自王右丞始"。因为后世文人，仿王摩诘之流者甚众，造成了"文人画家"的一个流派。但后世文人画家，多故意在画中用诗文为装饰，循流忘源，渐不免失却王维的"画中有诗"的真义。至下述的赵宋画院，更就画题钻刻画，有意地硬把文学与绘画拉拢在一块，充其过重机敏智巧的极端，绘画有变成一种文艺的游戏或谜语之虞。像下述的画院试题一类的办法，当作绘画看时，未免嫌其多含游戏的或谜语的分子。不如说是另一种文学与绘画的综合艺术，倒是一格。

四　宋画院——综合艺术

宋朝设立画院，以画取士。当时政府的奖励绘画，优遇画家，为古今东西所未有。徽宗皇帝非常爱好文艺，又自己善画。故画院之制虽在南唐早已举行，到了宋朝而规模大加扩张了。当时朝廷设翰林画院，分待诏，祗候，艺学，画学正，学生，供奉诸阶级，以罗集天下的画人。画院中技艺优秀的，御赐紫袍，佩鱼。又举行考试，以绘画取士。其法，敕令公布画题于天下，以课四方画人。凡入选，就做官。所以那时候的画家，实在是"画官"，坐享厚禄，比现在卖画的西洋画家要阔绰得多。这实在是照耀中国绘画史的一大盛事！

画院的试法，非常有趣：用一句古诗为试题，使画家巧运其才思，描出题目的诗意。据我所见闻，有几个例：

画题：《踏花归去马蹄香》。这画题的"香"字很难描出，而且不容易描得活。有一个画家画一群蝴蝶逐马蹄飞着，就把"香"字生动地写出了。又如：

画题：《嫩绿枝头一点红，恼人春色不须多》。一般画家都描花卉树木，表出盛春的光景，以传诗意。但都不中选，入选的一人，画的是一个危亭，一个红裳的美人如有所思地凭在亭中的栏杆上，与下面的绿柳相照映。

画题：《蝴蝶梦中家万里，杜鹃枝上月三更》。王道亨入画院时，所课的是这画题。他的画材是汉朝的苏武被虏入朔方的光景：画抱节的苏武在满目萧条的异国的草原上牧羊，以腕倚枕而卧，又画双蝶仿佛飞舞于其枕畔，以表示其故国之梦的浓酣。又画黑暗的森林，被明月的光照着，投其枝叶树干的婆娑的影于地上，描出在枝上泣血的子规的诉月的样子。我又记得幼时听人说过同样的几例：如：

画题：《深山埋古寺》。虽然不知是否宋画院试题，但也是一类的东西。画家中有的画深山古木，中间露出一寺角。有的画一和尚站在深山丛林之中。但都不中选。其一人画深山与涧水，并无寺角表露，但有一和尚在涧边挑水，这画就中了选。因为露出寺角，不算埋，于埋字的描写未见精到；和尚站在山中，也许是路过或游览，里面未必一定有寺。今画一和尚担水，就确定其中必有埋着的古寺了。

画院试法，自然不是宋代一切画法的代表。然其为当时一种盛行的画风，是无疑的。考其来因，亦是时代精神、思潮风尚所致：宋朝文运甚隆，学者竞相发挥其研究的精神。耽好思索，理学因之而臻于大成。这时代的学术研究，为中国思想史上一大关键，当时非儒教的南方思想，达于高潮。一般学者均重理想，欢喜哲学的探究。对万事都要用"格物致知"的态度来推理。因之绘画也蒙这影响，轻形实而重理想了。这种画院试法，便是其重理想的画风的一面。

看了这种画法，而回溯文画家之祖的王维的画风，可显见其异同。王维的"画中有诗"，是融诗入画，画不倚诗题，而可独立为"无声诗"。反转来讲，"诗中有画"也就是融画入诗，诗不倚插画，而可独立为"有声画"。宋画院的画风，则画与诗互相依赖。即画因题句而忽然增趣，题句亦因画而更加活现，二者不可分离。例如《踏花归去马蹄香》一画，倘然没有诗句，画的一个人骑马，地下飞着两只蝴蝶，也平常得很，没有什么警拔；反之，倘没有画，单独的这一句七言诗，也要减色得多。至如《深山埋古寺》，则分离以后，画与诗竟全然平庸了。所以这类的画，不妨说是绘画与文学的综合艺术。试看后来，倪云林之辈就开始用书法在画上题款。据《芥子园画传》所说："元以前多不用款，或隐之石隙。……至倪云林，书法遒逸，或诗尾用跋，或后附诗。文衡山行款清整，沈石田笔法洒落，徐文长诗歌奇横，陈白阳题志精卓，每侵画位。"题款侵画位，明明是表示题与画的对等地位。且他们讲究"行款清整"，"笔法洒落"，"诗歌奇横"，则又是书法、诗文、绘画三者的综合了。

综合艺术与单纯艺术孰优孰劣，不是我现在要讲的问题。绘画无论趋于单纯，综合，都是出于人类精神生活的自然的要求，不必分量地评定其孰高孰下。宋画院的画风，其极端虽然不免有游戏的、谜语的分子，然就大体而论，也自成一格局。这犹之文学与音乐相结合而表现的中国的词、曲，西洋的歌曲（lieder，即普通学校里教唱的歌曲）。王摩诘的画，融化诗意于画中，犹之融化诗意于音乐中的近代标题乐（program music）。音乐不俟文学的补助，而自能表出诗意。至于前面所举的蟹，布片，苹果，豆，油罐头，——严格地说，图案模样，——则单从画面的形色的美上鉴赏，可比之于音乐中的纯音乐（pure music），即绝对音乐（absolute music）。歌曲，标题乐，绝对音乐，是音乐上的各种式样，各有其趣味。则绘画上自然也可成各种式样，有各种趣味。那是音乐与文学的交涉，这是绘画与文学的交涉。这种画风，正是中国绘画所独得的特色。在西洋绘画中，见不到这种趣味，关于宗教政治的羁绊艺术的绘画，在西洋虽然也有，然与文学综合的画风真少得很。即使有，也决不像中国的密切结合而占有画坛上的重要的位置。据我所知，西洋名画家中，只有前述的新拉费尔前派的洛赛典专好描写文学的题材，其所画的莎士比亚的《哈孟雷特》〔《哈姆雷特》〕中的渥斐利亚，但丁的《神曲》里的斐亚德利坚，体裁相当我国的《归去来图》《赤壁之游图》之类。然新拉费尔前派只在十九世纪中叶的英国活动一时，不久就为法国的印象派所压倒，从此湮没了。试看一般西洋画上的画题，如《持锄的男子》《坐在椅上的女子》等，倘然拿到中国画上来做题款，真是煞风景得不堪了。但配在西洋画上，亦自调和，绝对不嫌其粗俗。反之，在一幅油画上冠用《夕阳烟渚》《远山孤村》一类的画题，或题几句诗，也怪难堪，如同穿洋装的人捧水烟筒。东西洋的趣味，根本是不同的。

（原刊《东方杂志》1927 年 6 月 10 日第 24 卷第 11 号。）

精彩一句：

人生的滋味在于生的哀乐，艺术的福音在于其能表现这等哀乐。

玉明品鉴：

提及东西方绘画的比较研究，人们对宗白华在 20 世纪 30 年代的研究往往印象深刻。丰子恺则早在宗白华之前，就对东西绘画审美趣味的不同有较为深入的认识。

丰子恺认为，只重视形状、颜色和光线明暗的艺术表现，是绘画艺术的正格。关注绘画题材的意义，而不是仅仅重视形、色的艺术美的表现，这种绘画创作在境界上要低于纯粹绘画，不属于绘画艺术的正格。西方绘画在总体上偏于纯粹绘画，印象主义绘画等是西方纯粹绘画追求的突出表现；而东方绘画则关注绘画的题材意义等内容要素的重要性，努力探索绘画与诗的沟通融合，这在绘画境界上是低于西方的。不过，丰子恺因为在艺术观念上始终关注艺术与人生的密切联系，因此对西方的纯粹绘画，特别是印象主义绘画等并不完全认同，反而更为欣赏东方绘画的趣味。

丰子恺认为，我国绘画趣味的形成是因为在六朝以前，绘画受政治、道德和宗教的束缚限制的时间太长，中国的大画家多为文人或者士大夫，这就在绘画中形成了表达思想观念的传统。宋代设立画院，以画取士，彻底形成了重视绘画的诗趣的文人画的画风。

漫画艺术的欣赏

"漫画"式样很多，定义不一。简单的，小形的，单色的，讽刺的，抒情的，描写的，滑稽的，……都是漫画的属性。有一于此，即可称为漫画。有人说，现在漫画初兴，所以有此混乱现象；将来发达起来，一定要规定"漫画"的范围和定义，不致永远如此泛乱。但我以为不规定亦无不可，本来是"漫"的"画"规定了也许反不自然。只要不为无聊的笔墨游戏，而含有一点"人生"的意味，都有存在的价值，都可以称为"漫画"的。因此，要写一般的漫画欣赏的文章，必须有广大的收罗，普遍地举例，方能说得周到。这事很难，在我一时做不到。

但欣赏漫画与制作漫画，并不是判然的两件事。可以照自己的好尚而描画，当然也可以照自己的好尚而谈画。且让欢喜看我的画的人听我的谈画吧。于是我匆匆地写这篇文章来应《中学生》的征稿。

古人云："诗人言简而意繁。"我觉得这句话可以拿来准绳我所欢喜的漫画。我以为漫画好比文学中的绝句，字数少而精，含义深而长。举一例：

"寥落故行宫，宫花寂寞红。白头宫女在，闲坐说玄宗。"这二十个字，取得非常精采。凡是读过历史的人，读了这二十个字都会感动。开元、天宝之盛，罗袜马嵬之变（指唐朝安史之乱时，玄宗从长安西奔成都，杨贵妃在马嵬坡被缢死之事。罗袜为其被缢死后之遗物），以及人世沧海桑田之慨，衰荣无定之悲，一时都涌起在读者的心头，使他尝到艺术的美味。昔人谓五绝"如四十个贤人，着一个屠沽不得"。这话说得有理。不过拿屠沽来对照贤人，不免冤枉。难道做屠沽的皆非贤人？所以现在不妨改他一下，说五绝"如二十个贤人，着一个愚人不得"。我们试来研究这首五绝中所取的材料，有几样物事。只有四样："行宫"，"花"，"宫女"，和"玄宗"。不过加上形容："寥落的""古的"行宫，"寂寞地红着的"宫花，"白头的"宫女，"宫女闲坐谈着的"玄宗。取材少而精，含义深而长，真可谓"言简意繁"的适例。漫画的取材与含义，正要同这种诗一样才好。胡适之先生论诗材的精采，说："譬如把大树的树身锯断，懂植物学的人看了树身的横断面，数了树的年轮，便可知道树的年纪。一人的生活，一国的历史，一个社会的变迁，都有一个纵剖面和无数横断面。纵剖面须从头看到尾才可看见全部。横断面截开一段，若截在紧要的所在，便可把这个横断面代表这一人，或这一国，或这一个社会。这种可以代表全部分的，便是我所谓最精采的。"我觉得这譬喻也可以拿来准绳我所欢喜的漫画。漫画的表现，正要同树的横断面一样才好。

　　然而漫画的表现力究竟不及诗。它的造形的表现不够用时，常常要借用诗的助力，侵占文字的范围。如漫画的借重画题便是。照艺术的分类上讲，诗是言语的艺术，画是造形的艺术。严格地说，画应该只用形象来表现，不必画题，同诗只用文字而不必用插画一样。诗可以只用文字而不需插画，但漫画却难于仅用形象而不用画题。多数的漫画，是靠着画题的说明的助力而发挥其漫画的效果的。然而这也不足为漫画病。言语是抽象的，其表现力广大而自由；形象是具象的，其表现力当然有限制。例如"白头宫女在，闲坐说玄宗"，诗可以简括地用十个字告诉读者，使读者自己在头脑中画出这般情景来。画就没有这样容易，而在简笔的漫画更难。倘使你画一个白头老太婆坐着，怎样表出她是宫女呢？倘使你把她的嘴巴画成张开了说话的样子，画得不好，看者会错认她在打呵欠。况且怎样表明她在说玄宗的旧事呢？若用漫画中习用的手法，从人物的口中发出一个气泡来，在气泡里写字，表明她的说话，那便是借用了文学的工具。况且写的字有限，固定了某一二句话，反而不好。万不及"说玄宗"三个字的广大。就是上面两句，"寥落古行宫，宫花寂寞红"，用漫画也很难画出。你画行宫，看者或将误认为邸宅。你少画几朵花，怎能表出它们是"宫花"，而在那里"寂寞红"呢？

所以画不及诗的自由。然而也何必严禁漫画的借用文字为画题呢？就当它是一种绘画与文学的综合艺术，亦无不可。不过，能够取材精当，竭力谢绝文字的帮忙，或竟不借重画题，当然是正统的绘画艺术，也是最难得的漫画佳作。

借日本老画家竹久梦二先生的几幅画来作为说例吧。

有一幅画，描着青年男女二人，男穿洋装，拿史的克（手杖），女的穿当时的摩登服装，拉着手在路上一边走，一边仰起头来看一间房子门边贴着的召租。除了召租的小纸札上"Kashima Ari"（"内有贷间"）五字（日本文有五个字）而外，没有别的文字。这幅画的取材我认为是很精彩的。时在日本明治末年，自由恋爱之风盛行，"Love is best"（"爱情至上"）的格言深印在摩登青年的脑中。画中的男女，看来将由（或已由）love更进一步，正在那里忙着寻觅他们的香巢了。"贷间"就是把房间分租，犹如上海的"借亭子间"之类。这召租虽然也是文字，但原是墙上贴着的，仍不出造形的范围，却兼有了画题的妙用。

去年夏天我也曾写过一幅同类的画：画一条马路，路旁有一个施茶亭，亭的对面有一所冰淇淋店。这边一个劳动者正在施茶亭畔仰起了头饮茶；那边青年男女二人挽着手正在走进冰淇淋店去。画中只有三个文字，冰淇淋店门口的大旗上写着一个"冰"字，施茶亭的边上写着"施茶"二字，都是造形范围内的文字，此外不用画题。这画的取题可说是精彩的。但这不是我自己所取，是我的一个绘画同好者取来借给我的。去年夏天他从上海到我家，把所见的这状态告诉我，劝我描一幅画，我就这样写了一幅（现在这画被收集在开明书店出版的画集《人间相》中）。

梦二先生的画有许多不用画题，但把人间"可观"的现象画出，隐隐地暗示读者一种意味。"可观"二字太笼统，但也无法说得固定，固定了范围便狭。隐隐的暗示，可有容人想象的余地。例如有一幅描着一个女子独坐在电灯底下的火钵旁边，正在灯光下细看自己左手的无名指上的指环。没有画题。但这现象多么"可观"！手上戴着盟约的指环的人看了会兴起切身的感动。没有这种盟约指环的人，会用更广泛自由的想象去窥测这女子的心事。——这么说穿了也乏味。总之，这是世间万象中引人注目的一种状态。作者把它从万象中提出来，使它孤立了，成为一幅漫画，就更强烈地引人的注目了。日常生活中常有引人注目的现象，可以不须画题，现成地当作漫画的材料，只要画的人善于选取。梦二作品中还有许多可爱的例。有一幅描着一株大树，青年男女二人背向地坐在大树左右两侧的根上，大家把脸孔埋在两手中，周围是野草闲花。这般情状也很牵惹人目。有一幅描着一个军装的青年武夫，手里拿一册书，正在阅读，书的封面向着观者，但见题着"不如归"三字。取材也很巧妙（《不如归》是当时大流行的一册小说，描写军阀家庭中恋爱悲剧的。这小说在当时的日本，正好像《阿Q正传》在现在的中国）。又有一幅描着一个身穿厨房用的围裙的女子，手持铲刀，仓皇地在那里追一只猫。猫的大半身已逃出画幅的周围线之外，口中衔着一个大鱼。这是寻常不过的题材，但是一种不言而喻的紧张的情景，会强力挽留观者的眼睛，请他鉴赏一下，或者代画中人叫一声"啊哟"！又有一幅描着乡村的茅屋和大树，屋前一个村气十足的女孩，背上负着一个小弟弟，在那里张头张脑地呆看，她的视线所及的小路上，十足摩登的青年男女二人正在走路。这对比很强烈。题曰"东京之客"。其实不题也已够了。

没有画题，造形美的明快可喜。但画题用得巧妙，看了也胜如读一篇小品文。梦二先生正是题画的圣手，这里仍旧举他的作例来谈吧。他的画善用对比的题材，使之互相衬托。加上一个巧妙的题目，犹如画龙点睛，全体生动起来。有一幅描着车站的一角，待车的长椅上坐着洋装的青年男女二人，交头接耳地在那里谈话，脸上都显出忧愁之色。题曰《不安的欢乐》。有一幅描着一个天真烂漫的少女，坐在椅子上，她的手搁在椅子靠背上，她的头倾侧着。题曰《美丽的疲倦》。有一幅描着一个少妇，手中拿着一厚叠的信笺，脸上表出笑容，正在热中地看信；桌上放着一张粘了许多邮票的信壳。题曰《欢喜的欠资》。有一幅描着一个顽固相十足的老头儿，正在看一封长信。他身旁的地上（日本人是席地而坐的，故这地上犹如我们的桌上）一张信壳，信壳的封处画着两个连环的心形（这是日本流行的一种装饰的印花，情书上大都被贴上一张）。他的背后的屏风旁边，露出一个少女的颜貌来，她蹑跷着，正在偷窥这老头儿的看信。题曰《冷酷的第三者》。以上诸画题是以对比胜的。还有两幅以双关胜的：一

幅描着一个青年男子正在弹六弦琴，一个年青女子傍在他身旁闭目静听。题曰
《高潮》。一幅描着伛偻的老年夫妇二人，并着肩在园中傍花随柳地缓步。题曰
《小春》。

还有些画题，以心理描写胜。例如有一幅描着夏日门外，一个老太婆拿着
一把小尖刀，正在一个少年的背上挑痧。青年缩着颈，痉着手足，表示很痛的
样子。他的前方画着一个夕阳。题曰《可诅咒的落日》。要设身处地地做了那个
青年，方才写得出这个画题。有一幅，描着一个病院的售药处的内面，窗洞里
的桌上放着许多药瓶，一个穿白衣的青年的配药女子坐在窗洞口，正在接受窗
洞板上的银洋。题曰《药瓶之色与银洋之声》。作者似在怜惜这淡装少女的生活
的枯寂，体贴入微地在这里代她诉述。有一幅描着高楼的窗的内部，倚在窗上
凝望的一个少女的背影。题曰《再会》。有一幅描着一个女子正在看照片，题曰
《Kiss（接吻）前的照片》。还有一幅描着一个幼女正在看照片，题曰《亡母》。
这等画倘没有了画题，平淡无奇。但加上了这种巧妙的题字，就会力强地挑拨
看者的想象与感慨。他有时喜用英语作题目。描旷野中一株大树根上站着一个
青年学生，题曰《Alone（孤独）》。描两个青年恋人在那里私语，题曰《Ever,
Never（永远，永不）》。描两个天真烂漫的小学生背着书包在路上走，挽着臂
的一对青年爱侣同他们交手过，小学生不睬他们，管自仰着头走路，题曰《We
Are Still Young（我们还年轻）》。用英文作题，不是无谓的好奇。有的取其简
洁，翻译了要减少趣味，例如前二幅。有的取其隐晦，翻译了嫌其唐突，例
如后一幅。

"言简而意繁"这句话，对于梦二一派的漫画最为适用。自己欢喜这一派，
上面就举了许多梦二的例。对于别种的漫画，我也并非全无趣味。例如武器似
的讽刺漫画，描得好的着实有力！给人的感动比文字强大得多呢！可惜我见闻
狭小，看了不忘的画没有几幅。为调节上述诸例的偏静，也就记忆所及举几幅
讽刺画在这里谈谈。某西洋人描的一幅，描一个大轮子正在旋转来。许多穿燕
尾服的人争先恐后地爬到这轮子上去。初爬的用尽气力在那里攀附。已爬上的
得意洋洋。爬在顶高地方的人威风十足，从顶高处转下去的人搔着头皮。将被
转到地上的人仓皇失措。跌落在地上的人好像死了。爬上来的地方，地上写着
"Today（今天）"，跌下去的地方，地上写着"Tomorrow（明天）"。形容政治舞

台可谓尽致。某日本人描的一幅，描着一个地球，地球上站着一个人，一手捏住鼻头，一手拿一把火钳，把些小人从地球上夹起来，丢到地球外面去。小人有的洋装而大肚皮，有的军装而带手枪。还有一幅，描着一个舞台，许多衣上写着姓名的政客在那里做戏。他们的手足上都缚着线，线的一端吊在舞台上面，一个衔着雪茄烟的大肚皮洋装客正在拉线。这种画，都能短刀直入地揭破世间的大黑幕。在中国现在的杂志上，也常看到讽刺漫画的佳作。可惜我的记忆不好，一时想不起来。举了这几个例就算了。

常有人写信来，问我漫画学习如何入手。没有一一详复的时与力，抱歉得很！现在借这里带便作一总复：漫画是思想美与造形美的综合艺术，故学习时不能像普通学画地单从写生基本练习入手。它的基本练习有二方面：一方面是技术的修练，与普通学画同，练习铅笔静物写生，木炭石膏模型写生，或人体写生。另一方面是思想的修练，如何修练，却很难说。因为这里包括见闻，经验，眼光，悟性等人生全体的修养，不是一朝一夕的能事，勉强要说，只得借董其昌的话："读万卷书，行万里路。"总之，多读读书，多看看世间，都是漫画的基本练习。这又同诗一样：例如开头所举的一首绝句，倘不曾读过历史，不知道唐玄宗的故事，读了这二十个字莫名其妙。听说外国人翻译这首诗，曾把玄宗两字误译为"玄妙的宗教"。亏他们欣赏的！欣赏非有各方面的修养不可，则创作的需要广泛的修养，不待言了。

（原刊《中学生》1935 年 6 月第 56 号。）

精彩一句：

只要不为无聊的笔墨游戏，而含有一点"人生"的意味，都有存在的价值，都可以称为"漫画"的。

玉明品鉴：

丰子恺是我国伟大的漫画家。以创作经验为依托，他对漫画的见解真正称得上是"真知灼见"。

在漫画艺术上，丰子恺提倡取材精当、意味隽永。丰子恺要求我们关注艺术的"精练"，即对人生世相某些片断的巧妙择取，对人生意味的深沉感慨以及生动的绘画表现。

丰子恺推崇日本漫画家竹久梦二。竹久梦二漫画的特色就在简练而生动的绘画中包含着深沉或者智慧的人生感悟，或者可以说是漫画中饱含人生诗趣。竹久梦二有的作品不用画题，有的用画题巧妙地点题以丰富绘画内涵，有的关注心理探索，都做到了"言简意赅"。简练而意味丰厚，就是丰子恺在漫画欣赏方面的关注重心。自然，丰子恺在漫画艺术趣味方面也极为宽容，对讽刺漫画也不排斥。

赤栏桥外柳千条

　　日丽风和的一个下午，独自在西湖边上徬徨。暂时忘记了时间，忘记了地点，甚至忘记了自身，而放眼观看目前的春色，但见绿柳千条，映着红桥一带，好一片动人的光景！古人诗云："赤栏桥外柳千条。"昔日我常叹赏它为描写春景的佳句。今日看见了它的实景，叹赏得愈加热烈了。但是，这也并非因为见了诗的实景之故，只因我忘记了时间，忘记了地点，甚至忘记了自身，所见的就是诗人的所见；换言之，实景就是诗，所以我的叹赏能愈加热烈起来。不然，凶恶的时代消息弥漫在世界的各处，国难的纪念碑矗立在西湖的彼岸，也许还有人类的罪恶充塞在赤栏桥畔的汽车里，柳阴深处的楼台中，世间有什么值得叹赏呢？从前的雅人欢喜管领湖山，常自称为"西湖长""西湖主"。做了长，做了主，哪里还看得见美景？恐怕他们还不如我一个在西湖上的游客，能够忘怀一切，看见湖上的画意诗情呢？

　　但是，忘怀一切，到底是拖着肉体的人所难以持久的事。"赤栏桥外柳千条"之美。只能在一瞬间使我陶醉，其次的瞬间就把我的思想拉到艺术问题上去。红配着绿，何以能使人感到美满？细细咀嚼这个小问题，徬徨中的心也算有了一个着落。

据美学者说，色彩都有象征力，能作用于人心。人的实际生活上，处处盛用着色彩的象征力。现在让我先把红绿两色的用例分别想一想看：据说红象征性爱，故关于性的曰"桃色"。红象征婚姻，故俗称婚丧事曰"红白事"。红象征女人，故旧称女人曰"红颜"，"红妆"。女人们自己也会很巧妙地应用红色：有的把脸孔涂红，有的把嘴唇涂红，有的把指爪涂红，更有的用大红作衣服的里子，行动中时时闪出这种刺目的色彩来，仿佛在对人说："我表面上虽镇静，内面是怀抱着火焰般的热情的啊！"爱与结婚，总是欢庆的，繁荣的。因此红又可象征尊荣。故俗称富贵曰"红"。中国人有一种特殊的脾气：受人银钱报谢，不欢喜明明而欢喜隐隐，不欢喜直接而欢喜间接。在这些时候，就用得着红色的帮助，只要把银钱用红纸一包，即使明明地送去，直接地送去，对方看见这色彩自会欣然乐受。这可说是红色的象征力的一种妙用！然而红还有相反的象征力：在古代，杀头犯穿红衣服，红是罪恶的象征。在现代，车站上阻止火车前进用红旗，马路上阻止车马前进用红灯，红是危险的象征，义旗大都用红，红是革命的。苏联用红旗的，人就称苏联曰"赤俄"，而谨防她来"赤化"。同是赤，为什么红纸包的银钱受人欢迎，而赤化遭人大忌呢？这里似乎有点矛盾。但从根本上想，亦可相通：大概人类对于红色的象征力的认识，始于火和血。火是热烈的，血是危险的。热烈往往近于危险，危险往往由于热烈。凡是热情，生动，发展，繁荣，力强，激烈，危险等性状，都可由火和血所有的色彩而联想。总之，红是生动的象征。

绿象征和平。故车站上允许火车前进时用绿旗，马路上允许车马前进时用绿灯。这些虽然是人为的记号，其取用时也不无自然的根据。设想不用红和绿而换两种颜色，例如黄和紫，蓝和橙，就远不及红和绿的自然，又不容易记忆，驾车人或将因误认而肇事亦未可知。只有红和绿两色，自然易于记忆。驾车人可从灯的色彩上直觉地感到前途的状况，不必牢记这种记号所表示的意味。人的眼睛与身体的感觉，巧妙地相关联着。红色映入眼中，身体的感觉自然会紧张起来。绿色映入眼中，身体的感觉自然会从容起来。你要见了红勉强装出从容来，见了绿勉强装出紧张来，固无不可；然而不是人之常情。从和平更进一步，绿又象征亲爱。故替人传达音信的邮差穿绿衣。世界语学者用象征和平亲爱的绿色为标识。都是很有意义的规定。大概人类对于绿色的象征力的认识，始于自然物。像今天这般风和日丽的春天，草木欣欣向荣，山野遍地新绿，人意亦最欢慰。设想再过数月，绿树浓阴，漫天匝地，山野中到处给人张着自然的绿茵与绿幕，人意亦最快适，故凡欢慰，和乐，平静，亲爱，自然，快适等性状，都可由自然所有的色彩而联想。总之，绿是安静的象征。

红和绿并列使人感到美观，由上述的种种用例和象征力可推知。红象征生动，绿象征安静。既生动而又安静，原是最理想的人生。自古以来，太平盛世的人，心中都有这两种感情饱和地融合着。目前的"赤栏桥外柳千条"的色彩，正是太平盛世的象征。

这也可从色彩学上解说：世间一切色彩，不外由红黄蓝三色变化而生。故红黄蓝三者称为"三原色"。三原色各有其特性：红热烈，黄庄严，蓝沉静。每两种原色相拼合，成为"三间色"，即红黄为橙，红蓝为紫，黄蓝为绿。三间色亦各有其特性：橙是热烈加庄严，即神圣；紫是热烈加沉静，即高贵；绿为庄严加沉静，即和平也。如此屡次拼合，则可产生无穷的色彩，各有无穷的特性。今红与绿相配合，换言之，即红与黄蓝相配合。对此中三原色俱足。换言之，即包含着世间一切色彩。故映入人目，感觉饱和而圆满，无所偏缺。可知红绿对比之所以使人感觉美满，根本的原因在于三原色的俱足，然三原色俱足的对比，不止红绿一种配合而已。黄与紫（红蓝），蓝与橙（红黄），都是俱足三原色的。何以红与绿的配合特别美满呢？这是由于三原色性状不同之故。色彩中分阴阳二类，红为阳之主；色彩中分明暗二类，红为明之主；色彩中分寒暖二类，红为暖之主。阳强于阴，明强于暗，暖强于寒。故红为三原色中最强者，力强于黄，黄又力强于蓝。故以黄蓝合力（绿）来对比红，最为势均力敌。红蓝（紫）对比黄次之。红黄（橙）对比蓝又次之。从它们的象征上看，也可明白这个道理：热烈，庄严，与沉静，在人的感情的需要上，也作顺次的等差。热烈第一，庄严次之，沉静又次之。重沉静者失之柔，重庄严者失之刚。只有重热烈者，始得阴阳刚柔之正，而合于人的感情的需要，尤适于生气蓬勃的人的心情。故朴厚的原始人欢喜红绿；天真的儿童欢喜红绿；喜庆的人欢喜红绿；受了丽日和风的熏陶，忘怀了时世的忧患，而徬徨于西湖滨的我，也欢喜"赤栏桥外柳千条"的色彩的饱和，因此暂时体验了盛世黎民的幸福的心情。

可惜这千条杨柳不久就要摇落变衰。只恐将来春归夏尽，秋气萧杀，和平的绿色尽归乌有，单让赤栏桥的含有危险性的色彩独占了自然界，而在灰色的环境中猖獗起来。然而到那时候，西湖上将不复有人来欣赏景色，我也不会再在这里徬徨了。

（原刊《申报》1936 年 4 月 11、12 日。）

精彩一句：

红象征生动，绿象征安静。既生动而又安静，原是最理想的人生。

连祥品鉴：

阳春三月，丰子恺漫步西子湖畔，红桥绿柳，春光明媚，不禁想起古诗"赤栏桥外柳千条"。丰子恺从这首诗，谈到了色彩是有象征力的，并进而谈到了人们为何尚红爱绿。

丰子恺是画家，又从色彩学的角度来谈红色与绿色为何是相配的。红黄蓝为"三原色"。黄蓝相拼合为绿。"赤栏桥外柳千条"可谓三原色俱足，色彩十分饱满。红色阳刚，绿色阴柔；红绿相配，阴阳调和，刚柔相济。

此文写于 1936 年春天，正是抗战前夕，丰子恺在文末流露出了忧患意识。

山中避雨

前天同了两女孩到西湖山中游玩，天忽下雨。我们仓皇奔走，看见前方有一小庙，庙门口有三家村，其中一家是开小茶店而带卖香烛的。我们趋之如归。茶店虽小，茶也要一角钱一壶。但在这时候，即使两角钱一壶，我们也不嫌贵了。

茶越冲越淡，雨越落越大。最初因游山遇雨，觉得扫兴；这时候山中阻雨的一种寂寥而深沉的趣味牵引了我的感兴，反觉得比晴天游山趣味更好。所谓"山色空濛雨亦奇"，我于此体会了这种境界的好处。然而两个女孩子不解这种趣味，她们坐在这小茶店里躲雨，只是怨天尤人，苦闷万状。我无法把我所体验的境界为她们说明，也不愿使她们"大人化"而体验我所感的趣味。

茶博士坐在门口拉胡琴。除雨声外，这是我们当时所闻的唯一的声音。拉的是《梅花三弄》，虽然声音摸得不大正确，拍子还拉得不错。这好像是因为顾客稀少，他坐在门口拉这曲胡琴来代替收音机作广告的。可惜他拉了一会就罢，使我们所闻的只是嘈杂而冗长的雨声。为了安慰两个女孩子，我就去向茶博士借胡琴。"你的胡琴借我弄弄好不好？"他很客气地把胡琴递给我。

我借了胡琴回茶店，两个女孩很欢喜。"你会拉的？你会拉的？"我就拉给她们看。手法虽生，音阶还摸得准。因为我小时候曾经请我家邻近的柴主人（柴主人，在作者家乡指替农民称柴并介绍顾主、从中收取少量佣金的人）阿庆教过《梅花三弄》，又请对面弄内一个裁缝司务大汉教过胡琴上的工尺。阿庆的教法很特别，他只是拉《梅花三弄》给你听，却不教你工尺的曲谱。他拉得很熟，但他不知工尺。我对他的拉奏望洋兴叹，始终学他不来。后来知道大汉识字，就请教他。他把小工调、正工调的音阶位置写了一张纸给我，我的胡琴拉奏由此入门。现在所以能够摸出正确的音阶者，一半由于以前略有摸 violin〔小提琴〕的经验，一半仍是根基于大汉的教授的。在山中小茶店里的雨窗下，我用胡琴从容地（因为快了要拉错）拉了种种西洋小曲。两女孩和着了歌唱，好像是西湖上卖唱的，引得三家村里的人都来看。一个女孩唱着《渔光曲》，要我用胡琴去和她。我和着她拉，三家村里的青年们也齐唱起来，一时把这苦雨荒山闹得十分温暖。我曾经吃过七八年音乐教师饭，曾经用 piano〔钢琴〕伴奏过混声四部合唱，曾经弹过 Beethoven〔贝多芬〕的 sonata〔奏鸣曲〕。但是有生以来，没有尝过今日般的音乐的趣味。

　　两部空黄包车拉过，被我们雇定了。我付了茶钱，还了胡琴，辞别三家村的青年们，坐上车子。油布遮盖我面前，看不见雨景。我回味刚才的经验，觉得胡琴这种乐器很有意思。piano 笨重如棺材，violin 要数十百元一具，制造虽精，世间有几人能够享用呢？胡琴只要两三角钱一把，虽然音域没有 violin 之广，也尽够演奏寻常小曲。虽然音色不比 violin 优美，装配得法，其发音也还可听。这种乐器在我国民间很流行，剃头店里有之，裁缝店里有之，江北船上有之，三家村里有之。倘能多造几个简易而高尚的胡琴曲，使像《渔光曲》一般流行于民间，其艺术陶冶的效果，恐比学校的音乐课广大得多呢。我离去三家村时，村里的青年们都送我上车，表示惜别。我也觉得有些儿依依。（曾经搪塞他们说："下星期再来！"其实恐怕我此生不会再到这三家村里去吃茶且拉胡琴了。）若没有胡琴的因缘，三家村里的青年对于我这路人有何惜别之情，而我又有何依依于这些萍水相逢的人呢？古语云："乐以教和。"我做了七八年音乐教师没有实证过这句话，不料这天在这荒村中实证了。

（刊《新中华》1935 年第 3 卷第 10 期。）

精彩一句：

倘能多造几个简易而高尚的胡琴曲，使像《渔光曲》一般流行于民间，其艺术陶冶的效果，恐比学校的音乐课广大得多呢。

连祥品鉴：

丰子恺主张"曲高和众"。其实，只要音乐得到大众喜爱，丰子恺就很满足。

丰子恺带了两个女儿游山，在山中避雨，兴致所至，向三家村里的茶博士借了一把二胡，给女孩伴奏。女孩唱起了《渔光曲》，三家村里的青年也跟着齐唱起来，"一时把这苦雨荒山闹得十分温暖"。

丰子恺向李叔同学过钢琴，在日本又学拉过小提琴。在三家村，想不到丰子恺在故乡石门镇上向柴主人阿庆和裁缝司务大汉学来的二胡受到青年们的欢迎。

"乐以教和"，与三家村青年的因缘和合，却因一把普通的二胡而起。

我与弘一法师

　　弘一法师是我学艺术的教师，又是我信宗教的导师。我的一生，受法师影响很大。厦门是法师近年经行之地，据我到此三天内所见，厦门人士受法师的影响也很大；故我与厦门人士不啻都是同窗弟兄。今天佛学会要我演讲，我惭愧修养浅薄，不能讲弘法利生的大义，只能把我从弘一法师学习艺术宗教时的旧事，向诸位同窗弟兄谈谈，还请赐我指教。

　　我十七岁入杭州浙江第一师范，廿岁毕业以后没有升学。我受中等学校以上学校教育，只此五年。这五年间，弘一法师，那时称为李叔同先生，便是我的图画音乐教师。图画音乐两科，在现在的学校里是不很看重的；但是奇怪得很，在当时我们的那间浙江第一师范里，看得比英、国、算还重。我们有两个图画专用的教室，许多石膏模型，两架钢琴，五十几架风琴。我们每天要花一小时去练习图画，花一小时以上去练习弹琴。大家认为当然，恬不为怪，这是什么原故呢？因为李先生的人格和学问，统制了我们的感情，折服了我们的心。他从来不骂人，从来不责备人，态度谦恭，同出家后完全一样；然而个个学生真心的怕他，真心的学习他，真心的崇拜他。我便是其中之一人。因为就人格讲，他的当教师不为名利，为当教师而当教师，用全副精力去当教师。就学问讲，他博学多能，其国文比国文先生更高，其英文比英文先生更高，其历史比历史先生更高，其常识比博物先生更富，又是书法金石的专家，中国话剧的鼻祖。他不是只能教图画音乐，他是拿许多别的学问为背景而教他的图画音乐。夏丏尊先生曾经说："李先生的教师，是有后光的。"像佛菩萨那样有后光，怎不教人崇拜呢？而我的崇拜他，更甚于他人。大约是我的气质与李先生有一点相似，凡他所欢喜的，我都欢喜。我在师范学校，一二年级都考第一名；三年级以后忽然降到第二十名，因为我旷废了许多师范生的功课，而专心于李先生所喜的文学艺术，一直到毕业。毕业后我无力升大学，借了些钱到日本去游玩，没有进学校，看了许多画展，听了许多音乐会，买了许多文艺书，一年后回国，一方面当教师，一方面埋头自习，一直自习到现在，对李先生的艺术还是迷恋不舍。李先生早已由艺术而升华到宗教而成正果，而我还彷徨在艺术宗教的十字街头，自己想想，真是一个不肖的学生。

他怎么由艺术升华到宗教呢？当时人都诧异，以为李先生受了什么刺激，忽然"遁入空门"了。我却能理解他的心，我认为他的出家是当然的。我以为人的生活，可以分作三层：一是物质生活，二是精神生活，三是灵魂生活。物质生活就是衣食。精神生活就是学术文艺。灵魂生活就是宗教。"人生"就是这样的一个三层楼。懒得（或无力）走楼梯的，就住在第一层，即把物质生活弄得很好，锦衣玉食，尊荣富贵，孝子慈孙，这样就满足了。这也是一种人生观。抱这样的人生观的人，在世间占大多数。其次，高兴（或有力）走楼梯的，就爬上二层楼去玩玩，或者久居在里头。这就是专心学术文艺的人。他们把全力贡献于学问的研究，把全心寄托于文艺的创作和欣赏。这样的人，在世间也很多，即所谓"知识分子""学者""艺术家"。还有一种人，"人生欲"很强，脚力很大，对二层楼还不满足，就再走楼梯，爬上三层楼去。这就是宗教徒了。他们做人很认真，满足了"物质欲"还不够，满足了"精神欲"还不够，必须探求人生的究竟。他们以为财产子孙都是身外之物，学术文艺都是暂时的美景，连自己的身体都是虚幻的存在。他们不肯做本能的奴隶，必须追究灵魂的来源，宇宙的根本，这才能满足他们的"人生欲"。这就是宗教徒。世间就不过这三种人。我虽用三层楼为比喻，但并非必须从第一层到第二层，然后得到第三层。

有很多人，从第一层直上第三层，并不需要在第二层勾留。还有许多人连第一层也不住，一口气跑上三层楼。不过我们的弘一法师，是一层一层的走上去的。弘一法师的"人生欲"非常之强！他的做人，一定要做得彻底。他早年对母尽孝，对妻子尽爱，安住在第一层楼中。中年专心研究艺术，发挥多方面的天才，便是迁居在二层楼了。强大的"人生欲"不能使他满足于二层楼，于是爬上三层楼去，做和尚，修净土，研戒律，这是当然的事，毫不足怪的。做人好比喝酒：酒量小的，喝一杯花雕酒已经醉了，酒量大的，喝花雕嫌淡，必须喝高粱酒才能过瘾。文艺好比是花雕，宗教好比是高粱。弘一法师酒量很大，喝花雕不能过瘾，必须喝高粱。我酒量很小，只能喝花雕，难得喝一口高粱而已。但喝花雕的人，颇能理解喝高粱者的心。故我对于弘一法师的由艺术升华到宗教，一向认为当然，毫不足怪的。

艺术的最高点与宗教相接近。二层楼的扶梯的最后顶点就是三层楼，所以弘一法师由艺术升华到宗教，是必然的事。弘一法师在闽中，留下不少的墨宝。这些墨宝，在内容上是宗教的，在形式上是艺术的——书法。闽中人士久受弘一法师的熏陶，大都富有宗教信仰及艺术修养。我这初次入闽的人，看见这情形，非常歆羡，十分钦佩！

前天参拜南普陀寺，承广洽法师的指示，瞻观弘一法师的故居及其手种杨柳，又看到他所创办的佛教养正院。广义法师要我为养正院书联，我就集唐人诗句："须知诸相皆非相，能使无情尽有情"，写了一副。这对联挂在弘一法师所创办的佛教养正院里，我觉得很适当。因为上联说佛经，下联说艺术，很可表明弘一法师由艺术升华到宗教的意义。艺术家看见花笑，听见鸟语，举杯邀明月，开门迎白云，能把自然当作人看，能化无情为有情，这便是"物我一体"的境界。更进一步，便是"万法从心""诸相非相"的佛教真谛了。故艺术的最高点与宗教相通。最高的艺术家有言："无声之诗无一字，无形之画无一笔。"可知吟诗描画，平平仄仄，红红绿绿，原不过是雕虫小技，艺术的皮毛而已。艺术的精神，正是宗教的。古人云："文章一小技，于道未为尊。"又曰："太上立德，其次立言。"弘一法师教人，亦常引用儒家语："士先器识而后文艺。"所谓"文章"，"言"，"文艺"，便是艺术；所谓"道"，"德"，"器识"，正是宗教的修养。宗教与艺术的高下重轻，在此已经明示；三层楼当然在二层楼之上的。

我脚力小，不能追随弘一法师上三层楼，现在还停留在二层楼上，斤斤于一字一笔的小技，自己觉得很惭愧。但亦常常勉力爬上扶梯，向三层楼上望望。故我希望：学宗教的人，不须多花精神去学艺术的技巧，因为宗教已经包括艺术了。而学艺术的人，必须进而体会宗教的精神，其艺术方有进步。久驻闽中的高僧，我所知道的还有一位太虚法师。他是我的小同乡，从小出家的。他并没有弄艺术，是一口气跑上三层楼的。但他与弘一法师，同样的是旷世的高僧，同样的为世人所景仰。可知在世间，宗教高于一切。在人的修身上，器识重于一切。太虚法师与弘一法师，异途同归，各成正果。文艺小技的能不能，在大人格上是毫不足道的。我愿与闽中人士以二法师为模范而共同勉励。

（厦门佛学会讲稿。原刊《京沪周刊》1948 年 12 月 12 日第 2 卷第 99 期。）

精彩一句：

我以为人的生活，可以分作三层：一是物质生活，二是精神生活，三是灵魂生活。物质生活就是衣食。精神生活就是学术文艺。灵魂生活就是宗教。

李梅品鉴：

丰子恺先生的一生是丰富而深邃的，是真率而诚恳的，更是谦卑而平和的。真率的性情和格调是他与生俱来的品性。先生论艺术、论人生总是相互关涉和参照的，从未把二者分开，其一生所为可谓是艺术的人生、人生的艺术也。

于艺术的精神层面之上，丰子恺先生极为推崇和敬畏的是宗教的情怀，正如其恩师李叔同先生所处的境界，怀有此情怀者具备博大深广的眼界心境。他们处于人生的三层楼上，越过了物质层、精神层，力求探索人生的究竟，直抵灵魂和宇宙的本源，艺术的最高点与宗教接近，弘一法师由艺术升到宗教便是自然的事了。所以，丰子恺先生主张，学习艺术的人，当兼修宗教的情怀，大人格者必富有宗教信仰和艺术修养，因为，在人的修身上，器识重于一切。

先器识而后文艺

——李叔同先生的文艺观

李叔同先生，即后来在杭州虎跑寺出家为僧的弘一法师，是中国近代文艺的先驱者。早在五十年前，他首先留学日本，把现代的话剧、油画和钢琴音乐介绍到中国来。中国的有话剧、油画和钢琴音乐，是从李先生开始的。他富有文艺才能，除上述三种艺术外，又精书法，工金石（现在西湖西泠印社石壁里有"叔同印藏"），长于文章诗词。文艺的园地，差不多被他走遍了。一般人因为他后来做和尚，不大注意他的文艺。今年是李先生逝世十五周年纪念，又是中国话剧五十周年纪念，我追慕他的文艺观，略谈如下：

李先生出家之后，别的文艺都摒除，只有对书法和金石不能忘情。他常常用精妙的笔法来写经文佛号，盖上精妙的图章。有少数图章是自己刻的，有许多图章是他所赞善的金石家许霏（晦庐）刻的。他在致晦庐的信中说：

晦庐居士文席：惠书诵悉。诸荷护念，感谢无已。朽人剃染已来二十余年，于文艺不复措意。世典亦云："士先器识而后文艺"，况乎出家离俗之侣！朽人昔尝诫人云："应使文艺以人传，不可人以文艺传"，即此义也。承刊三印，古穆可喜，至用感谢……（见林子青编《弘一大师年谱》第二〇五页）

这正是李先生文艺观的自述，"先器识而后文艺""应使文艺以人传，不可人以文艺传"，正是李先生的文艺观。

四十年前我是李先生在杭州师范（指在杭州的浙江省立第一师范学校）任教时的学生，曾经在五年间受他的文艺教育，现在我要回忆往昔。李先生虽然是一个演话剧，画油画，弹钢琴，作文，吟诗，填词，写字，刻图章的人，但在杭州师范的宿舍（即今贡院杭州一中）里的案头，常常放着一册《人谱》（明刘宗周著，书中列举古来许多贤人的嘉言懿行，凡数百条），这书的封面上，李先生亲手写着"身体力行"四个字，每个字旁加一个红圈，我每次到他房间里去，总看见案头的一角放着这册书。当时我年幼无知，心里觉得奇怪，李先生专精西洋艺术，为什么看这些陈猫古老鼠（作者家乡话，意即陈旧的东西），而且把它放在座右，后来李先生当了我们的级任教师，有一次叫我们几个人到他房间里去谈话，他翻开这册《人谱》来指出一节给我们看。

唐初，王（勃），杨，卢，骆皆以文章有盛名，人皆期许其贵显，裴行俭见之，曰：士之致远者，当先器识而后文艺。勃等虽有文章，而浮躁浅露，岂享爵禄之器耶……（见《人谱》卷五，这一节是节录《唐书·裴行俭传》的）

他红着脸，吃着口（李先生是不善讲话的），把"先器识而后文艺"的意义讲解给我们听，并且说明这里的"贵显"和"享爵禄"不可呆板地解释为做官，应该解释道德高尚，人格伟大的意思。"先器识而后文艺"，译为现代话，大约是"首重人格修养，次重文艺学习"，更具体地说："要做一个好文艺家，必先做一个好人。"可见李先生平日致力于演剧、绘画、音乐、文学等文艺修养，同时更致力于"器识"修养。他认为一个文艺家倘没有"器识"，无论技术何等精通熟练，亦不足道，所以他常诫人"应使文艺以人传，不可人以文艺传"。

我那时正热中于油画和钢琴的技术，这一天听了他这番话，心里好比新开了一个明窗，真是胜读十年书。从此我对李先生更加崇敬了。后来李先生在出家前夕把这册《人谱》连同别的书送给我。我一直把它保藏在缘缘堂中，直到抗战时被炮火所毁。我避难入川，偶在成都旧摊上看到一部《人谱》，我就买了，直到现在还保存在我的书架上，不过上面没有加红圈的"身体力行"四个字了。

李先生因为有这样的文艺观，所以他富有爱国心，一向关心祖国。孙中山先生辛亥革命成功的时候，李先生（那时已在杭州师范任教）填一曲慷慨激昂的《满江红》，以志庆喜：

> 皎皎昆仑，山顶月有人长啸。看叶底宝刀如雪，恩仇多少！双手裂开鼷鼠胆，寸金铸出民权脑。算此生不负是男儿，头颅好。
>
> 荆轲墓，咸阳道。聂政死，尸骸暴。尽大江东去，余情还绕。魂魄化成精卫鸟，血花溅作红心草。看从今一担好河山，英雄造。（见《弘一大师年谱》第三十九页）

李先生这样热烈地庆喜河山的光复，后来怎么舍得抛弃这"一担好河山"而遁入空门呢！我想，这也仿佛是屈原为了楚王无道而忧国自沉吧！假定李先生在"灵山胜会"上和屈原相见，我想一定拈花相视而笑。

（原刊《杭州日报》1957年4月19日。）

精彩一句：

"先器识而后文艺"，译为现代话，大约是"首重人格修养，次重文艺学习"，更具体地说："要做一个好文艺家，必先做一个好人。"

连祥品鉴：

李叔同是现代中国一位传奇人物。他出生于天津名门望族。父亲是前清进士，又是盐商，还经营钱庄。李叔同 18 岁时带领母亲和妻子寓居上海，成为十里洋场的风流才子。母亲故世后到日本留学，潜心钻研西洋美术和音乐，组织中国最早的话剧社团——春柳社，登台演出《茶花女》中的女主角马格丽特，轰动一时。丰子恺考入浙江省立第一师范学校时，李叔同正在该校任音乐、美术教师。刘质平和丰子恺是李叔同的入室弟子。但丰子恺还没有毕业，李叔同就于 1918 年夏天遁入空门，成为弘一法师。对于李叔同谜一样的人生道路，丰子恺在《为青年说弘一法师》一文中说："弘一法师由翩翩公子一变而为留学生，又变而为教师，三变而为道人，四变而为和尚。每做一种人，都十分像样。"

李叔同每做一种人，都十分像样，其奥秘在于"先器识而后文艺"。

有了良好的人格修养，就立了根本，其他只要能精通技艺，就能成名成家了。

东西洋的工艺

我国自从与西洋交通以来，西洋的用品不断地输入。直到现在，我们眼前所陈列的工艺日用品，就处处有两种形式并存着，即原有的东洋式工艺和舶来的西洋式工艺。譬如目前，我的案头，就可找到实例：毛笔，是东洋式的笔，钢笔，是西洋式的笔。茶碗（即有盖有底盘的，茶店常用的茶碗），是东洋式的茶具；茶杯，是西洋式的茶具。我们就从这两种东西研究，也可找出工艺美术的东洋式和西洋式的区别来。请听我讲：

用具是给人用的，故"用具的形式必须适合人体"。不管用具的东洋式或西洋式，对这原则大家必须遵守。毛笔必须适合于手，钢笔也必须适合于手。茶碗必须适合于口，茶杯也必须适合于口。但是，对原则的遵守的程度，东西洋却有深浅不同之别。东洋式用具，对于人体，不过约略地适合而已；西洋式用具，对于人体，却非精密地适合不可。例如我案头的毛笔，中国人只取五六寸长，二三分直径的一根细竹，但教人的手便于把握，不嫌长，不嫌短，不嫌粗，不嫌细，就算是"适合人体"了。西洋人则不然，必须把笔杆两旁作成曲线形，使搁手指的地方凹进些，以适合手指的凸形。使笔杆的中部膨胀些，以适合大指食指中间的空洞。使笔杆的上端缩尖细起来，以减轻手背的负担而稳固笔身的重心。总而言之，钢笔的形状，是精密地适合于人的手的形状而制定的。又如我案头的茶碗，中国人只取直径三四寸的一个近似半球形的中空的器皿。只要下面有底，可以安置桌上；中央有容积，可以泡茶；上面有边缘，可以使人用两唇衔住边缘而喝茶，又可使人用两指捏住边缘而端茶，就算是"适合人体"了。但西洋人不能就此满足，必须把茶杯的边缘制成 S 曲线的形状，使它十分适合于两唇之间的空隙，使口衔杯时感觉舒服；必须在杯的一面装一个环，使人便于端茶，而环的洞的形状，又必须十分适合于手指的形状，使手指插入时感觉贴切。总之，凡东洋式的用具，都只是约略地适合人体；凡西洋式的用具，都精密地适合人体。我的案头虽然贫乏，不料已经具备着东西洋两种工艺形式的代表。这真是很有兴趣的一种研究。

"约略的写实"与"精密的写实"，我们可把东西洋美术形式如此区别。

上面的例不够，不妨申说一番：先来看服装吧。衣服是与人体最接近的东西，最应该"适合人体"而制造。但东洋的衣服，也只是"约略"地适合而已。试看晒在竹竿上的中国短衫，两袖竟成一根直线。若要依照衣服的形式而穿衣服，两臂就须得向左右平伸，好像体操的一个姿势，或者小孩子"捉盲"（捉盲，作者家乡话，意即捉迷藏）的姿势。两臂岂不太酸？你嫌手臂酸，只得放下来。放下的时候，你的两腋间，就有许多布变成余多的东西，非重重叠叠地皱起来不可。大家把重重叠叠的许多皱布夹在腋下而度日，习惯了不以为奇。但你伸手去摸摸看，我们的腋下实在不很舒服。尤其是怕痒的人，被我说穿了，手臂一动，腋下肉麻起来，就会笑个不休呢！裤子，又何尝不如此？你看晒着的裤子，两脚管差不多成四十五度角。若要依照裤子的形状而穿裤，那走相着实难看。但我们都不依照它，大家把裤裆里余多的布皱起来，夹着这团皱布走来走去，不以为奇。

古代的衣服，其适体的程度比我们现行的衣服更差，更是"约略"的了。日本人的服装是依据中国古装的，比我们的更不适体。袖子很大，腰身很大，领口没有固定，只有一条护领箝在项颈里。总之，日本的服装，古代的服装，余多的皱布比我们的更多。印度人的服装，有些宗教徒的服装，也都依据古风，那就更不适体。有的简直只有一条囵囵的布，缠绕在身体上，就算是衣服了。

日本人穿草屦和木屐，这也是中国古风。草屦实在只是两块草结成的片子，头上钉个袢，夹在足趾之间就算鞋子了。木屐实在只是两只小凳，也用袢夹在足趾间，人就拖着两只小凳走来走去。这些鞋子，太不适合于足，只有大小这一点总算适合于足而已。这可说是东洋式服装的代表作。

回头来看西洋服装，就见得大不相同：洋装，处处依照人体的形状而制造。你到裁缝店去做洋装，也一定用尺量你身体的各部，肩膀，胸部，腰身，手臂，都量得准确。做成的衣服，挂起来，就同穿在身上一个样子。裤子亦复如是，都没有余多的布。所以穿在身上，各部紧紧的贴体，就把人体的原形分明地显出来。中国的现代女子（现代就是摩登，摩登女子，原来不是不好名称，被近来一般人用坏了。我怕读者生气。所以称现代女子），穿的可说是中国形而西洋式服装。她们做衣服，也要精确地衡量身体各部，一分一毫也不得差。旧式的女衫，身体两旁只是两根直线。同现在男子的大褂一样；新式的女子旗袍，身体两旁的线就弯弯曲曲，完全依照身体，胸部，臀部，各部都贴切，毫无余多的布。所以穿新式旗袍的现代女子，其身体的原形十分显出，夏天，竟同裸体差不多。这与中国的古代女子大不相同了。中国的古装女子，衣服上余多的布太多，把小小的身体深深地藏在一大堆罗绮中，只让一个脸孔露出。中国女子服装的古今变化，实在是极端相反；换言之，也可说服装的东洋式与西洋式极端相反。摩登女装固然有"称体"的美；但是（看古书中描写的仕女）古代女装也有它的"飘然"的美，关于美不美的问题，言之甚长，让我将来再讲。现在我还要请你们看看皮鞋。皮鞋与草屦木屐，也是极端反对。草屦木屐，太不适足；皮鞋则太适足。皮鞋底的形状同雨天外面走进来的赤足人在地板上所留的湿印一样。而且左右足严格地分别。比起两只小凳的木屐来，不是极端相反吗？

服装已经谈得够了，再来谈谈家具。就谈我现在坐着的椅子吧。椅子是给人坐的，其形式当然要适合于坐的人的身体。但也同服装一样，中国式椅子只是"约略"地适合，西洋式的椅子就"精密"地适合。老房子厅堂里，两旁总是相对摆着八把大椅子，叫做"八仙椅子"。这种八仙椅子即使坐了真能成仙，我也不要坐，大都高得很，坐了脚踵不着地，坐久了大腿麻木。又是大得很，坐一个人太空，坐着只有两只"鸡翅膀"的曲线上的一点和靠背的直线上的一点相切，其余的背部都悬空。若是夏天，靠得久了，"鸡翅膀"的骨头痛得很，远不如不靠而正襟危坐的好。这种椅子，实在因为太不适体，所以坐了很不舒服。其余中国式的家具，大都类此，都只是约略地依照人体而制造。所以中国式的家具，用时大都不很舒服。老式的木匠们有一句成语："桌子三尺三，凳子一尺八。"据说三尺三是依照"上有三十三天"的数目，一尺八是依照"下有十八层地狱"的数目。倘含有象征的意思的话，古人就把供食物的桌子看作天堂，把坐屁股的凳子看作地狱，就是把一个人的上身和下体极端分别。但现在无暇谈这些。现在我只说古代桌子凳子的尺寸的不适合人体。无论是鲁班尺，小尺，三尺三寸高的桌子与一尺八寸高的凳子，实在太高，爬上爬下是很吃力的。我们现在惯用的新式家具，桌子不过英尺二尺七，椅子不过英尺一尺六。这是最适合于人体的尺寸。有的人家，古风家具和新式家具并存。你如果用旧式的桌子而坐新式的凳子，桌子板就同你的下巴差不多高，写字，吃饭，都很吃力。日常生活的不便，莫甚于此（这种不便，我在逃难中常常碰到）。中国家具本来不很适合身体，古式和新式混杂之后，就变得很不适身体了。

反之，西洋式的椅子，就精密地适合身体。高低，大小，都依照普通人的身体，靠背的角度，也必定是斜斜的，靠上去背部正好贴切。有的还在接触"鸡翅膀"的一部分，装一块弯度与背部相似的光板，靠上去怪舒服的。假如椅子的左右有靠手，靠手的高度和形状也都适合身体，正好承受小臂；放平的地方又圆圆的，光光的，正好让手握住。西洋人这样精密地适合了人体而造椅子，还觉得不满足。因为木头是硬的，不能伸缩。坐的人或胖或瘦，或长或矮，总不能十分适合每人的身体。于是又想出一种宽紧带式的椅子来，就是"沙发"。沙发里面装钢丝做的弹簧，能屈能伸。不管坐的是大屁股或小屁股，它都能迎合，服服帖帖地适合你的屁股、腰肢、背脊和手臂。还有一种沙发式的眠床，叫做"席梦思"的，躺下去竟同翻在烂泥田里一样，浑身与床贴切。家具的"适体"，实在莫过于此了。

以上已把东西洋的服装器具的形式的区别举例说明过了。用具是给人用的，故用具的形式必须适合人体；换言之，即工艺品的形式必须写实。但东洋工艺品是"约略的写实"，西洋工艺品是"精密的写实"。上面的几个例子已经够说明这个区别了。

究竟哪一种式样好呢？我在上面的叙述中，曾经处处表示东洋工艺品用时不舒服而西洋工艺品用时很舒服的意思。老实说，究竟西洋式比东洋式好。古代希腊的大哲学家苏格拉底曾经为美下一个定义。什么是美？他说："凡适合于目的及用途的，就是美的。"苏格拉底这美的定义，不免有些毛病。因为他是专指建筑和工艺而说的。故对于别的艺术，就不适用。譬如绘画，音乐，有什么目的和用途呢？但对于建筑和工艺的美，他的定义实在是一句至理名言。我现在判断西洋式工艺比东洋式工艺好，就是根据苏格拉底的定义的。衣服是身体穿的，椅子是身体坐的。故越是适合身体，就是越适合于目的及用途，就是越美。故西洋工艺实在比中国工艺更美观。试看小孩子，倘穿中国旧式服装，一件马褂式的短衣，一条臃肿的棉裤，底下扎脚管，鞋子的带子在脚面上打一个大结，头上戴一顶瓜皮帽，鼻头里有时还挂着两条鼻涕。这样子真不可爱！一个大人化的孩子，一个发育不全的大人，好像马戏班里的侏儒，可怕得很！反之，若给他穿新式的、西洋风的衣服，一件称体的齐膝的上衣，底下露出小腿，就是不穿鞋袜，不戴帽子，也很好看。因为小孩的四肢很短，根本用不着分上体下体而配置衣和裤。小孩的身体只有一个头和胴体是主要部分，所以只要一件上服，根本不须露出裤子来。中国人不讲身体形式，把小孩同大人一例看待，就把他们装成大人化的小孩，可怕而不可爱了。再试看椅子，那些八仙椅子板着脸孔，端坐在阴风惨惨的百年老屋里，样子严肃可怕，实在谈不到美和可爱。倘略取西洋式，做成一把藤椅，就觉得可喜。倘在适当的地方放两把藤椅，中间安一只矮几，几上放一把茶壶和两只茶杯，远远望去，就好像在招呼我们去坐。这样真入画！入画便是美，美便是适合目的和用途。这样形式的椅子，很适于椅子的目的和用途，所以能使人感到美。

故我以为中国旧式的工艺品，其太不适合目的和用途者，都应该改良。改良之道，采仿西洋式固然是一个现成的办法，但也不一定要模仿西洋。只要从"适合其目的和用途"的根本定义上着想，就可以造出适用的美的工艺品来。也许比西洋的工艺品更适用更美，亦未可知呢。

中国人模仿西洋，往往变本加厉，往而不返。在工艺上也曾有这种现状，亦不可不加注意。譬如说，中国衣服不适体，所以不美；西洋衣服适体，所以美，中国人悟到这一点后，就拼命地求其"适体"。于是那些盲从流行的摩登女子，穿的衣服竟像洋袜（洋袜，指袜子）穿在脚上一样，身体上各部的形状都显出来。胖的女子，衣服跟了肉打皱裥。两粒奶奶头雕塑似地突出来，几乎好挂东西。行动时全身好像一条虫或蛇。我每次看见，疑心她是穿着浴衣去洗海水浴的。这可谓矫枉过正，反而不美。又譬如说，中国家具不适体，所以不好；西洋家具很适体，所以好。中国人悟到这一点后，就拼命地求其"适体"。于是在椅子的坐板上，雕出屁股的阴模型来。这些椅子，到处都有。有的地方，堂皇的讲坛上，会议室里，也都陈列着许多屁股的模型。而且这屁股的阴模型的中间，还凸起一条，把两只大腿隔开。这样子真讨厌！我每次看到，必吃一惊。因为这好似一种刑具。创造这种椅子的人真笨！人坐椅子，是要转动的。不比菩萨坐庙堂，一直呆坐到底的。你把人的屁股的形状刻在坐板上，教他的身体如何转动呢？即使不转动，他的腿也不是一直并放到底的，有时要架起来，（交腿，在古代为不敬，应该戒除的。但我以为未免道学臭。燕居之时，两条腿架起来，舒服些，有何不可呢？）架起来的时候，底下的腿就搁在凸起的木条上，多少难过呢？故即使不讲形式的美不美，样子的讨厌不讨厌，单就实用而言，这椅子也不及格。这创造者定是笨伯，购买而受用的人，倘是出于真心欢喜的，也一定是笨伯之流亚了。"城中好高髻，四方高一尺。城中好大袖，四方全匹帛。城中好广眉，四方且半额。"这个模仿西洋的工艺美术家，正中了这古歌谣的讽刺。

近世艺术上，有"为人生的艺术"与"为艺术的艺术"之说。我们现在不妨模仿这说法：西洋的衣服与椅子，教布匹和木材委曲地迁就人体的形状，可说是"为人生的衣服"与"为人生的椅子"。东洋的衣服和椅子放任布匹和木材的性状而不很十分适合人体，可说是"为衣服的衣服"与"为椅子的椅子"。为人生的衣服与为人生的椅子，固然比为衣服的衣服与为椅子的椅子合于实用。但如上所述，过分"为人生"的衣服与椅子，仍是要不得。

（原刊《中学生》1944 年战时半月刊第 71 期。）

精彩一句：

故我以为中国旧式的工艺品，其太不适合目的和用途者，都应该改良。改良之道，采仿西洋式固然是一个现成的办法，但也不一定要模仿西洋。只要从"适合其目的和用途"的根本定义上着想，就可以造出适用的美的工艺品来。

连祥品鉴：

丰子恺比较分析了东西洋同类工艺品的不同之处，从而发现："凡东洋式的用具，都只是约略地适合人体；凡西洋式的用具，都精密地适合人体。"关于建筑、工艺品等实用艺术的美学问题，丰子恺赞同苏格拉底给美下的定义："凡适合于目的及用途的，就是美的。"

丰子恺认为，中国旧式的工艺品，都应该改良其太不适合目的和用途之处。改良的方法，不一定要完全照搬西洋式的现成工艺品，只要遵循"适合其目的和用途"的实用艺术理念，就可以造出适用的美的工艺品来。

玻璃建筑

　　佛经里描写西方极乐世界的殿宇的壮丽，曾用"琉璃"等字。我没有到过西方极乐世界，不知道所谓琉璃的殿宇究竟怎样壮丽，只住在这婆娑世界里想象那光景，大概是玻璃造成的房子吧。其实，佛教徒要表示出世的境地的极乐，而借用婆娑世界里的琉璃、玛瑙、珊瑚等物质来描写，弄巧成拙，反使西方极乐世界的状况陷于贫乏而可怜了。因为用那些物质来建造的房屋，在物质文明极度发达的婆娑世界里都是可以做到的。现在的欧洲已有"玻璃建筑"流行着了。

　　现代艺术潮流的变迁真是迅速！我们小时候传闻欧洲艺术的盛况，只知道十九世纪的绘画如何发达，音乐如何热闹。那时的欧洲艺术，承继着十九世纪的余晖，还是绘画、音乐中心的时代。过了不到二十年，再看现代的欧洲的艺术界，已迅速地变成电影、建筑中心的时代了。绘画已被未来派、立体派等所破坏，而溶化于电影中。无形的交响乐远不及实用的摩天楼地能适应物质文明的现代人的欲望。结果，最庞大而最合实用的建筑，在现代艺术界中占了第一把交椅。最初用铁当作柱，有所谓铁骨建筑；最近又用玻璃当作壁，有所谓玻璃建筑了。铁骨建筑改变了房屋的外形的相貌，玻璃建筑又改变了房屋的内面的情趣，使现代建筑改头换面，成了全新的式样。我从印刷物上看见它们的照片，便联想到文学中所说的水晶宫和佛经中所说的琉璃殿，惊讶文学的预言已经实验，西方极乐世界已经出现在地球上的西方了！

听说提倡玻璃建筑的是德国人显尔巴尔德（Scheerbart）。他曾在千九百十四年发表一册书，名曰《玻璃建筑》（《Glasarchitektur》）。他这册书是奉献于新建筑家弢德（Bruns Taut）的。于是弢德做了该书的实行者，在当时侃伦〔科伦〕的 Werkbund（同人）展览会中建造一所玻璃屋，即所谓 Glashaus，作为对显尔巴尔德的答礼。这是现代玻璃建筑的发端。现在已有更进步的玻璃建筑在欧洲流行了。我没有读过显尔巴尔德的著作，但在日本人的摘译中看到过该书第一章里的一段，觉得颇惹感想：

> "我们通常在笼闭的住宅内生活。住宅是产生我们的文化的环境。我们的文化，在某程度内被我们的住宅建筑所规定。倘要我们的文化向上，非改革我们的住宅不可。这所谓改革，必须从我们生活的空间中取除其隔壁，方为可能。要实行这样的改革，只有采用玻璃建筑。使日月星辰的光不从窗中导入，而从一切玻璃的壁面导入。——这样的新环境，必能给人一种新文化。"

我没有身入现代欧洲的玻璃建筑中，只有温室有几次走进去过。玻璃建筑当然不是把人作花卉而造的放大的温室。但看到显尔巴尔德的"日月星辰的光不从窗中导入而从一切壁面导入"的一句话，我便回忆对于温室的所感而憧憬于玻璃内的新环境。

记得有一次我被友人引导到某处的花园里的大温室中去看花。我对于温室这种特殊的建筑，比对于无数美丽的花兴起更深的赞叹。当时我正热中于看星，每天晚上必挟了星宿盘，衔着兼充灯用的纸烟，到门外的空地上去看星。我想，假如我的房子同这温室一样，坐在房间内通夜可以看星，春夏秋冬四季都可看星。不但星而已，天界的风雨晦明等种种庄严伟大的现象，都可自由地完全地看见，而由此得到高深的启示，岂非我生的幸福。回想我的生涯中的种种愚痴，迷妄，苦恼，烦闷，和悲哀的发生，都是为了热中于世间而忘却了世外的缘故；都是为了注目于地上而忽视了天上的缘故，都是为了房屋的形式使我低头，把我笼闭，不许我常常亲近天界的伟大的现象而觉悟人世的虚妄藐小的缘故。地上的建筑真不合理：中国式的房屋两檐前遮后掩，加以高似青天的粉墙，所见的天只有一线。西洋式的房屋室内六面拦阻，加以重重的帏幕，所见的天只有一块。试登高处眺望都市的光景，所见中国式的房屋都像棚，西洋式的房屋都像笼。躲在棚下或在笼中的人，哪里得来生活的幸福？近世人道日薄，房屋的防御日坚，那些棚愈加遮掩得密，那些笼愈加拦阻得紧，住在里面，真像钻进洞里一般。钻在洞里的东西，哪里得来广大的智慧？以洞为环境的东西，哪里得来文化的向上？所以近世的人都低头而注目于地上，地上的生产，地上的物质。物质文明急速地进展，而置精神文明于不顾，这就算文化的向上么？物质文明急速地进展，现在已经达到玻璃建筑的地步。我希望住在玻璃建筑里的人抬起头来看日月星辰的光，而注意于精神的文明。我希望显尔巴尔德的话实验："这样的新环境必能给人一种新文化。"我希望西方极乐世界出现在地球上的西方。

（原刊《现代》杂志 1933 年 3 月第 2 卷第 5 期。）

精彩一句：

物质文明急速地进展，现在已经达到玻璃建筑的地步。我希望住在玻璃建筑里的人抬起头来看日月星辰的光，而注意于精神的文明。

连祥品鉴：

建筑是凝固的音乐，是一种实用艺术。当年的丰子恺，对于新型材料玻璃情有独钟。他认为，玻璃能充分体现美的要求与实用的要求。

反观当时的中国民居，房屋两檐前遮后掩，加上高大的风火墙，所见的天只有一线；西洋式的房屋室内六面拦阻，加以重重的帏幕，所见的天只有一块。丰子恺因而希望住在新型的玻璃建筑里的人抬起头来能看看日月星辰的光，注意于精神的文明。

丰子恺晚年住在上海陕西南路的"长乐邨"。这座西班牙风格的小洋楼，二楼阳台有东南、西南两天窗，可以从不同角度看见日月运转，丰子恺由此取名"日月楼"。"日月楼"挂着他和马一浮先生合作的对联"日月楼中日月长""星河界里星河转"。看来住在"日月楼"的丰子恺，能透过玻璃窗"看日月星辰的光，而注意于精神的文明"。

深入民间的艺术

　　"艺术"这个名词，照目前的情状看，可有严格与泛格，或狭义与广义两种解释。严格地、狭义地说，艺术是人心所特有的一种美的感情的发现。而怎样叫做"美的感情"，解释起来更为费事。这是超越利害的，超越理智的，无关心的。深究起来，其一部分关联于哲学，又一部分接近于禅理。这是富有先天的少数人之间的事业，不能要求其普及于一切人。这种艺术之理只能与知音者谈，不足为不知者道。然而世间知音者很少，这种艺术的被理解范围也就很狭。事实证明着：例如中国历代大画家的作品，能够充分懂得的有几人欤？中国历代的画论，能够充分理解的有几人欤？不必举这样高的例子，就是一般美术学生所习的那种水彩画、油画、铅笔画、木炭画，能够理解其好处的人，实在也很少。一般人都嫌它们画得太毛糙，画得不像，看见了摇头。你倘拿一幅印象派油画去展览在外国的所谓"俗众"之前，赞美的人一定极少。而这极少人之中，一定有部分是为了别的附带条件（例如看见它装个灿烂的金边，或者知道它是大名鼎鼎的人所描等）而盲从地赞美，又一部分人是为了要扮雅人而违心地赞美。富商的客堂里也挂几幅古画，吊几架油画。其实这些画对它们的主人大都是全不相识的。不仅绘画方面如此，别的艺术都同一情形。能欣赏高深的音乐，高深的文学的人，世间之大，有几人欤？不必举别的例，小小的一首进行曲，多数的中国人听了只觉得嘈杂。短短的一篇白话文，非知识阶级的人读了也不易理解作者的中心思想，常作种种误解或曲解。名为提倡大众文字的刊物，往往徒有其名，而实际仍为少数知识阶级交换意见之场。故严格的"艺术"，根本是少数天才者之间的通用物，根本不能普及于万众。人类智愚之不齐，原同体力之强弱一样。体力强的足以举百钧，体力弱的不能缚鸡，都与先天有关，不可勉强。智愚也是如此，智者不学而能，愚者学亦不能，也都与先天有关，不可勉强。后天的锻炼可以使弱者加强，后天的教育可以使愚者加智。然也不过"加"些而已。定要加到什么程度，难乎其难。况且"艺术"这件东西，在一切精神事业中为最高深的一种。要它普及于万众，是犹勉强一切人举百钧，显然是不合理又不可能的事体。这种艺术，我称它为严格的、狭义的。

泛格地、广义地说，艺术就是技巧的东西。中国某种古书中，曾把医卜星相、盆栽、着棋、茶道、酒道、幻术、戏法等统统归之于艺术。这"艺术"的定义显然与前者不同了。艺术家听见了这话，也许会气杀几个。他们都认定艺术是前述的一种，是神圣不可侵犯的事业；"人生短，艺术长"，艺术比人生还可贵。然而征之事实，真可使艺术家气杀：现今我国的民间，生来不曾听见过"艺术"这个名词的人恐不止一大半。把"艺术"照某种古书认识着的人恐不止一小半（这样算起来，懂得艺术家的所谓"艺术"的人不到一小半，但实际恐怕还没有）。只要听一般人谈"艺术""艺术"，就可测知其对艺术的认识了。他们看见了漂亮的东西就说"艺术的"，看见了时髦的东西也说"艺术的"，看见了希奇的东西又说"艺术的"，看见了摩登的东西更说"艺术的"。浅学无知的人以滥用"艺术"二字为时髦。商店广告以滥用"艺术"二字为新颖。在香艳的、爱情的、性欲的物品的广告上，常常冠着"艺术的"这个形容词。我还遇见一桩发笑的事：一位初面的青年绅士，看见我口上养着胡须，身上穿着旧衣，惊奇地说道："照你的样子，实在不像一位艺术家呢！"我没有话可以答他。但从他这句话里，明白地测知了他所见的"艺术"的意义。大概他看见我有许多关于艺术的著作，听见人们说我是艺术家，心目中以为我是何等"艺术的"人物。而他所谓"艺术的"，大概是漂亮、美貌、摩登之类的性状。因此看了我这般模样，觉得大失所望。我既不自命为艺术家，也不认定我这模样是"艺术的"，所以他这句话对我实在全无关系，只是向我表白了他自己对"艺术"的见解。这见解虽然可笑，但也不能说他完全错误。因为如上所述，在泛格的广义的意义上，漂亮、美貌、摩登也被视为"艺术"的性状；不过这"艺术"是此不是彼而已。故照目前实情观察，多数肤浅的人所称为"艺术""艺术"的，是指漂亮、时髦、希奇、摩登、美貌、新颖、甚至香艳、爱情、性欲的东西。总之，凡是足以惹他们的注意，悦他们的耳目感觉的，都被称为"艺术的"。这定义与前面所述的严格的艺术，相去甚远。不但少有共通的部分，有时竟然相反。譬如盲从流行，在严格的艺术的意义上看来是无独创性的，不美的，而在一般人就肯定它为艺术的。反之，文学绘画上的高深的杰作，在一般人就看不懂，不相信它是艺术。故现代盛倡"大众艺术"，倘使要实行的话，只有两条路可走：不是提高大众的理解力，除非降低艺术的程度。要提高大众的艺术理解力，倘从单方面着手，如前所喻，犹之勉强一切人举百钧，显然是不可能之事。要降低艺术的程度，倘也从单方面下手，势必使艺术成为上述的那种浅薄的东西，也不是关心文化的人所愿意的。唱折衷说者曰：从双方着手，大众的理解力相当地提高些，同时艺术的程度也相当地降低些，互相将就，庶几产生普遍人群的大众艺术。这话在理论上是很可听的。但在事实上如何提高，如何降低，实在是一大问题。而关于这问题的具体的讨论，也难得听见。所听得见的，只是"大众艺术""大众艺术"的呼声甚嚣尘上而已。

我现在也不能在这里作具体的讨论。因为我自己的艺术趣味，是倾向严格的一种的；而对于一般群众少有接近的机会，所见的不过表面的情形，未能深解群众的心理。纸上谈兵，无补于事实。故关于这问题的具体讨论，应让理解艺术而又理解群众的人。我现在所要谈的，只是从表面观察，讨论现在的民众所能理解的是甚样的一种艺术，现在的民众所最接近的是哪几种艺术，以供提倡民众艺术者的参考而已。

第一、现在的民众所能理解的是甚样的一种艺术？可用比喻说起：高深纯正的艺术，好比是食物中的米麦。这里面有丰富的滋养料，又有深长的美味。然而多数的人，难能感得这种深长的美味。他们所认为美味的，是河豚。河豚的美味浅显而剧烈，腥臭而异样，正好像现在一般人所认为美的"艺术"。这种美味含有危险性，于人生是无益而有害的。然而它有一种强大的引诱力，能使多数人异口同声地赞它味美。倘要劝他们舍去这种美味而细辨米麦中的深长的滋味，是不可能的。奖励他们多吃这种美味，又是不应该的。于是想出补救的办法来，从米麦中提取精华，制成一种味精。把味精和入别的各种食物里，使各种食物都增加美味。这样，求美味者不必一定要找河豚，各种有益的食物都可借此美味之引导而容易下咽了。在目前，易受大众理解的艺术，就好比这种味精。在各种生活中加些从纯正的美中摄取出来的美的原素，生活就利于展进了。有一个值得告诉群众的思想，必须加了美的形式（言词），然后可成为文学作品，使群众乐于阅读。有一种值得教群众看的现象，必须加了美的形式（形状色彩），然后可成为美术作品，使群众乐于鉴赏。群众所要求的美，不是纯粹的美，而是美的加味。群众所能接受的，不是纯文学，纯美术，而是含有实用性质的艺术。陶情适性的美文，大家不易看懂；应用这种美文的技法来写一篇宣传人道的小说，大家就乐于阅读。笔情墨趣的竹石画，大家也不易看出它的好处；应用这种绘画技法的原理来作一幅提倡爱国的传单画（poster），大家也就易于注目。总之，现在所谓群众的艺术，极少有独立的艺术品，而大多数是利用艺术为别种目的的手段，即以艺术为加味的。民间并非绝对不容独立艺术品的存在。但在物质生活不安定的环境里，独立的艺术品没有其存在的余地，是彰明的事实。语云："衣食足然后知礼义。"现在不妨把这句话改换两字，说："衣食足然后知艺术。"独立的艺术，在根本上含有富贵性质，太平气象，是幸福的象征。根本不是衣食不足的不幸的环境中所能存在的。衣食不足的环境中倘使要有艺术，只能有当作别种目的的手段的艺术，当作别物的加味的艺术。现在的民众所能理解的，也只有这种艺术。

其次，民众所最接近的是哪几种艺术？据我观察，最深入民间的只有两种艺术，一是新年里到处市镇上贩卖着的"花纸儿"，一是春间到处乡村开演着的"戏文"。一切艺术之中，没有比这两种风行得更普遍了。所谓"花纸儿"，原是一种复制的绘画，大小近乎半张报纸，用五彩印刷，鲜艳夺目。其内容，老式的有三百六十行，马浪荡，二十四孝，十希奇，以及各种戏文的某一幕的光景等。新出的有淞沪战争，新生活运动等。卖价甚廉，每张不过数铜元。每逢阴历新年，无论哪个穷乡僻壤，总有这种花纸儿伴着了脸具、大刀等玩具而陈列在杂货店里或耍货摊上。无论哪个农工人家，只要过年不挨冻饿，年初一出街总要买一二张回去，贴在壁上，作为新年的装饰。在黄泥、枯草、茅檐、败壁、褐衣、黄脸的环境中，这几张五彩鲜艳夺目的花纸儿真可使蓬荜生辉，喜气盈门呢！他们郑重其事地把这几张花纸儿贴在壁上欣赏，老幼人人，笑口皆开。又不止看了一新年就罢。这样贴着，一直要看到一年。每逢休日，工毕，或饭余酒后，几个老者会对着某张花纸儿手指口讲，把其中的故事讲给少年们听，叙述中还夹着议论，借此表示他的人生观。每逢新年，壁上新添一两张花纸儿，家庭的闲说中新添一两种题材。这些花纸儿一年四季贴在壁上，其形象、色彩、意义，在农家的人的脑际打着极深的印象。农家子的教育、修养、娱乐的工具，都包括在这几张花纸儿里头了。其次，戏文也是最深入民间的一种艺术。无论哪一处小村落的人民，都有看戏文的机会。他们的戏文当然不及都会里的戏馆里所演的讲究，大都很草率：戏台附在庙里；或者临时借了木头和板，在空场上搭起来。看客没得坐位，大家站在台前草地上观看。即使有几个坐位，是自己家里带来的凳子，用碎砖头填平了脚而摆在草地上的。他们的戏班子远不及都会的戏馆里的那么出色，称为"江湖班"，大都是一队演员坐了一只船，摇来摇去，在各码头各乡村兜揽生意的。他们的行头远不及都会的戏馆里那么讲究，大都是几件旧衣，几幅旧背景，甚或没有背景。他们的演员远不及都会的戏馆里那么漂亮，都颜色憔悴，面目可憎。假如你搭在台边上"看吊台戏"，可以看见花旦的嘴上长着一两分长的胡须呢。然而乡下人对于这样的戏文很满足了。一年之中，难得开演几回。像我们乡下，每年只有新年和清明两时节有开演的机会。倘遇荒年，新年和清明也得寂寞地送过。每次开演，看客不止一村，邻近二、三十里内的人大家来看。老人女人坐了船来看，少年人跑来看，"看戏文去！""看戏文去！"他们的兴趣很高，真是"千日辛勤一日欢"！他们的态度很堂皇，大家认为这是正当的娱乐。在他们的心目中，似乎戏文是世间应有的东西，而人生必须看戏文。故乡间即使有极顽固的老人，也从来不反对戏文为赘余；即使有极勤俭的好人，也从来不反对戏文为奢侈。不，村中若有不要看戏文的人，将反被老人视为顽固，反被好人视为暴弃呢。戏文的深入民间，于此可知。

故花纸儿与戏文，是我们民间最普遍流行的两种艺术。一切艺术之中，无如此两者之深入民间的了。都会里有戏馆，有公园，有影戏场，有博物馆，有教育馆，有讲演会，有展览会，有音乐会，有博览会，有收音机，还有种种出版物；但这些建设都只限于都会里的少数人享用，小市镇里的人就难得享受，农村里的人完全享受不到。中国之大，农村占有大半，小市镇占有小半，都市只有数的几个。故都市里的种种艺术建设，仅为极小部分人的福利，与极大多数人没有关系。都市里出版物里热心地讨论民众艺术（本文亦是其一），亦只是都会里的少数人的闭门造车，与多数的民众全然没有关系，他们也全然没有得知。他们所关系的，所得知的艺术，仍还是历代传沿下来的花纸儿和戏文两种。关心文化的人，注意农村教育的人，热诚地在那里希望把文化灌输到农村去。但是，各种的阻碍挡住在前，他们的希望何时可以实行，遥遥无期。倘能因势利导，借这两种现成的民间艺术为宣传文化的进路，把目前中国民众所应有的精神由此灌输进去，或者能收速效亦未可知。例如：改革旧有的花纸儿的内容题材，删除了马浪荡、十希奇之类的无聊的东西，易以灌输时事知识，鼓励民族精神的题材。检点旧有的戏文，删除或修改《火烧红莲寺》《狸猫换太子》等神怪荒唐的东西，奖励或新编含有教化性质的戏剧。倘能实行，一张花纸儿或一出戏文的效果，可比一册出版物伟大得多呢。

惯于欣赏纯正艺术的人看见农民们爱看花纸儿，以为他们的欢乐，在于欣赏"花纸儿"这种绘画。其实完全不然。他们何尝是在欣赏绘画的形状、线条、色彩的美味？他们所欣赏的主要物是花纸儿所表出的内容意味，——忠、孝、节、义等情节。花纸儿的灿烂的形象和色彩，只是使这情节容易被欣赏的一种助力，换言之，即一种美的加味而已。农民哪里有鉴赏纯正美术的眼光？他们的欢喜看花纸儿，不过因为那种形象色彩牵惹他们的眼睛，使他们的视觉发生快感，因而被骗地理解了花纸儿的故事内容。同理，他们的爱看戏文，其趣味的中心也不在于戏文的形式，而在于戏文的内容。这只要听他们看戏后的谈论就可明白。大团圆的戏剧最能大快人心，是他们所感兴味最浓的题材。忠、孝、节、义的葛藤，也是传统思想极牢固的农民们所最关心的题材。怪力乱神以及迷信的故事，又是无知的农民们所爱谈的话儿。他们不看旧小说，也不看戏考。但他们都懂得戏情。他们的戏剧知识都是由老者讲给少者听，历代传授下来的，夏日、冬夜，岁时伏腊的时节，农家闲话的题材，大部分是戏情。虽三尺童子，也会知道《天水关》是诸葛亮收姜维，《文昭关》是伍子胥过昭关。倘使戏剧没有了内容故事，只是唱工与做工，像现在都会里的舞蹈一般，我想农民们兴味一定大减。由此可知戏剧的唱工、做工、与行头，在农民们看来只是一种附饰，即前面所说的美的加味。可知现在的民间，尚不能有惟美的纯艺术的存在。民间所能存在的艺术，只是以美为别目的的手段的一种艺术，即以美为加味的一种艺术。在这种艺术中，美虽然是一种附饰，一种手段，一种加味，但其效用很大。设想除去了这种加味，花纸儿缺了绘画的表现，戏文缺了唱工做工的表现，就都变成枯燥的故事，不足以惹起人们的注意与兴味了。

故深入民间的艺术，不是严格的，是泛格的；不是狭义的，是广义的；不是纯正的，是附饰的；不是超然的，是带实用性的。灌输知识，宣传教化，改良生活，鼓励民族精神，皆可利用艺术为推进的助力。

（《新中华》1936 年 4 月 10 日第 4 卷第 7 期。）

精彩一句：

高深纯正的艺术，好比是食物中的米麦。这里面有丰富的滋养料，又有深长的美味。

连祥品鉴：

尽管纯粹艺术是最美的，但由于这种艺术"曲高和寡"，反而不为大众所欣赏。要对大众进行艺术教育，必须是"曲高和众"的艺术。大众不能欣赏含蓄隽永的高雅艺术，反而喜欢大红大绿的"关云长"等鲜艳明强的艺术。这就要求深入民间的艺术必须是老百姓所喜闻乐见的，但也不能一味媚俗。艺术家要在俗与雅之间寻求一个平衡点。

丰子恺认为，"高深纯正的艺术，好比是食物中的米麦"。然而，大众反而欣赏不了这种高雅而"深长的美味"。他们所认为美味的，是河豚。河豚的美味浅显而剧烈，含有危险性，于人生是无益而有害的。补救的办法是，从米麦中提取精华，制成一种味精。把味精和入别的各种食物里，使各种食物都增加美味。

反观当下的大众艺术，也应加入从高雅艺术中提取的"味精"，做到曲高和众，进而提高大众的审美品味。

艺术与革命

自古以来，诗人画家，对于宇宙间森罗万象，另用一种与日常生活不同的看法。这看法，叫做艺术的观照。举例来说，譬如花，用日常生活的眼光看来，是果实的准备。科学家（生物学家）看来，是植物的生殖器。但用艺术的观照看来，是同人一样有知觉有表情的东西。所以诗人说："感时花溅泪""桃花依旧笑东风"。人竟把花当做能哭能笑的活物。又如月亮，用日常生活眼光看来，是阴历月份的表号。科学家（天文学家）看来，是地球的一颗卫星。但在诗人看来，又是有灵魂有表情的东西。所以诗人说："明月窥人人未寝"。又说："暮从碧山下，山月随人归。"他们竟把月亮看做能窥人随人的活物。此种实例，不胜枚举。

艺术家好像疯子，说的话好像都不真确。其实不然。科学艺术，各有不同的领域。人生应该具备各种眼光。在我们的生活中，有时应该用科学的眼光，有时应该用艺术的眼光。花能哭能笑，月能窥能随，科学的看来是不真确，但艺术的看来，这些诗句的好处，就在于不真确。科学上的不真，在艺术上却变为真。

艺术家为什么用这种看法呢？因为艺术家对于眼前森罗万象，革除了自古以来一切传统习惯，胸中毫无成见，而用全新的眼光来观察的。诗人对着花，绝不想起它的前因后果，而观察花的本身的姿态。诗人对着月，绝不想起它的功用意义，而观察月本身的姿态。换言之，艺术家对于一物，能断绝其在世间的种种传统习惯，而观看其本相。艺术的真价就在于此。

革除古来一切传统习惯，毫无成见地观察事物本身的真相，是艺术精神的要点。这点精神，实在就是革命的精神。自古以来，世界上伟大的革命事业，都是由于革除自古以来一切传统习惯，毫无成见地观察事物本身的真相而发起的。譬如缠足，是不合人道的事。但古代的愚夫愚妇，被传统习惯所拘囚，被成见所束缚，以为祖先以来都缠足，万千女子都缠足，缠足就是天经地义，没得话说。只有不被传统习惯成见所拘束的革命家，才能看见足本身的真相，确信其不应该缠，就起了革命，造福数万万的女性。又如古代专制独裁的皇帝，自命为"天子"，说话叫做"圣旨"，面孔叫做"龙颜"，叫大家称他为"万岁"，向他拜跪。古代的愚夫愚妇，被传统习惯所拘囚，被成见所束缚，以为皇帝真是天子万岁，就盲目地崇拜他，无理地服从他。只有聪明人能革除传统习惯成见，而观察其本身的真相，才知道他也不过是和百姓同样的一个人，也要吃饭，也要排泄，也要病死。人类应该平等，不应该教一人专横压迫众人。平等自由才是人类本身的真相。于是革命首领就发起革命，铲除专横压迫的人，而为众人造福。

所以我说：艺术的精神就是革命的精神。艺术家是创造的，因为他具有革命精神。革命家是可赞美的，因为他具有艺术精神。

（原刊《川中晨报》1945 年 12 月 11 日。）

精彩一句：

革除古来一切传统习惯，毫无成见地观察事物本身的真相，是艺术精神的要点。

李梅品鉴：

拥有艺术的眼光，做艺术的观照，发现和探究宇宙万象，可以说是丰子恺先生始终推崇的观照世界和感知生命力的方式。

以艺术的眼光寻觅物象本身的姿态，以艺术的观照发现现实世界的诸多美好和欣喜，这是先生所看重的，也是先生在做的。在他的笔下，儿童的天真、无邪和富有创造性的想法，都是难得可贵的和令人珍视的，因为儿童的眼光是最接近艺术的眼光的，而艺术的眼光的培养，也正是唤醒和保持成人世界里的那份童真和童趣，以涵养情感，美化成人世界的不光明的一面。

平等自由是人类的真相，这在儿童的世界里随处可见，他们可以让凳子穿鞋，让泥人睡觉等等，在他们的眼中，一切无生命的事物都是有生命的，让一切无情事物为有情之物，这也是艺术应该追求的。二者都是对宇宙万物的珍视和同情，在这一点上，艺术家和儿童的眼光最为接近，都具有创造性、具有革命性，都抛弃了传统习惯，毫无成见地观察事物本身的真相。所以艺术的观照，是具有革命精神的，也是艺术的精神所在。这是丰子恺先生真率人生论美学的精神所在，也是先生真率的童心的表达。

艺术的眼光

你一定在物理学中学过,人的眼睛望出去的线,叫做视线,视线一定是直线,不会弯曲的。

但这是科学上的说法。在艺术上,说法又不同。从艺术上看来,人的眼光,有时是直线,有时是曲线。人在幼年时代,眼光大都是直线的。年纪长大起来,眼光渐渐变成曲线。还有,人在研究艺术的时候,眼光大都是直线的。在别的(例如研究科学,经营生产等)时侯,眼光就变成曲线。

你不相信这话吗?有事为证:譬如这窗前有一排房屋,两株苹果树,人在窗中眺望,眼光从眼球达到房屋上及苹果树上。这人倘是小孩,这眼光大都是直线,只射在房屋及苹果树的表面。他只看见屋顶的形状,墙的形状,窗的形状,树的形状以及它们的色彩。但倘这人是熟悉当地情形的成人,他的眼光射到了房屋及树上,便会弯曲起来。他的眼光弯进房屋里头,想见这是人家的住宅,里头住的是某先生和某太太和他们的子女。有时他的眼光再转一个弯,弯进某先生的书橱里,想见他有许多古书,在今日是非常宝贵的。他的眼光还可弯弯曲曲地转到某先生的皮包里,以及他的办公处,甚至某太太的箱子里,以及她的娘家……

又如，这人正在研究艺术，要为窗前景物写生，他的眼光也只注射在房屋及苹果树的表面，只看见它们的形状、色彩和神态。但倘这人正在研究工程，他的眼光就会转弯，弯到房屋的木料上，构造上，以及价值上去。倘这人正在研究生物，他的眼光也会转弯，弯到苹果树的根茎枝叶上去。倘这人是木匠，他的眼光会弯到树干的质料上去。倘这人是水果店老板，他的眼光还会弯到未来的花和果子上去……

可见各人的眼光不同，有的作直线，有的作曲线。因此各人所见的也不同。眼光直的，看见物象本身的姿态。眼光曲的，看见物象的作用，对外的关系。前者真正叫做"看见"，后者只能称为"想见"。

成人，研究科学的人，经营生产的人，看物象时都能"想见"其作用及因果关系。却往往疏忽了物象本身的姿态。反之，儿童及艺术家，看物象时不管它的内部性状及对外关系，却清清楚楚地看见了物象本身的姿态。

你得疑问：艺术家就同孩子们一样眼光吗？我郑重地答复你：艺术家在观察物象时，眼光的确同儿童的一样；不但如此，艺术家还要向儿童学习这天真烂漫的态度呢。所以从前欧洲的大诗人歌德（Geothe），被人称为"大儿童"。因为他一生天真烂漫，像儿童一样，才能做出许多好诗来。

但须知道，艺术家的眼光与儿童的眼光，有一点重要区别：即儿童的眼光常常是直线，不能弯曲。艺术家的眼光则能屈能伸。在观察物象研究艺术的时候，眼光同儿童一样笔直；但在处理日常生活的时候，眼光又会弯曲起来。这叫做能屈能伸。

譬如儿童看见月亮，说是一只银钩子。诗人也说"一钩新月挂梧桐"。儿童看见云，当它是山。诗人也说"青山断处借云连"。但儿童是真个把新月当作银钩子，有时会哭着要拿下来玩；真个把云当作山，有时会哭着要爬上去玩。艺术家则不然，他但把眼前景物如是描写，使它发生趣味，在人生中，趣味实在是一件重要的事体，如果没有趣味，件件事老老实实地，实实惠惠地做，生活就嫌枯燥。这也是人生需要艺术的原因之一。但这不是本文题内的话，暂不详说。

且说艺术的眼光，已如上述，是能屈能伸的。所谓屈，就是对付日常生活时所用的眼光，就是看见物象时"想见"其作用及关系，不必练习。至于伸，却是艺术研究时所专用的眼光，就是看见物象时不动思虑而仅是"看见"其本身姿态，倒是要练习的。若不练习，你的眼光被种种思虑所遮蔽，而看不清楚物象的本身姿态。

请举实例来证明这事：譬如一个人坐在凳子上，他的前面的桌子上，放着一册英语辞典，他拿起笔来为这辞典写生。这人倘是从来没有学过图画的人，描起来大都错误。错误在哪里呢？形状不正确！不是直线眼光所"看见"的本身姿态，而是曲线眼光所"想见"的非本身姿态，何以见得呢？因为他所画的书，书的面子很长，书的一端很低，表示了书面和书端的实际大小。例如这字典的面子长六寸，一端的厚二寸，他就取近于六和二的比例来描写，以致这字典不像横卧在桌上，却像直立在桌上，然而底下的一端又完全看见，便成了不合理的形状。这错误的原因，就在于"想"而不"看"。平日见惯这种字典，想见书面大于书端，就照所想的画出，便成错误。倘摒绝思索，用直线的眼光来"看"，便看见书面实际虽有六寸长，但横放在桌上，你坐着斜斜地望去，所"见"的很扁，不过三寸左右。书端垂直在桌面，你坐着望去仍是二寸厚。这样书面之长与书端之厚，其实相差不多，不过三与二之比而已。倘然桌子再高些，或者凳子再低些，那时所见的书面更小。甚至不满二寸，反比书端更小。

再举一例：倘使没有学过图画的人，你请他画一个人的脸孔，他一定画错。错在什么地方呢？大都错在眼睛画得太高。他先画个蛋形，在蛋形里头，在上方的三分之一处画眉毛眼睛，在下方的三分之一处，画鼻头嘴巴，这就大错了。原来人的眼睛，一定生在头的二分之一处，即正中。从眼睛到头顶的距离，一定等于从眼睛到下巴的距离。没有学过图画的人，为什么错误呢？也是"想"而不"看"的原故。他想：眼睛上面东西很少，只有不甚重要的两条眉毛，其余额骨和头发不足注意。而眼睛下面花样很多：鼻头是长长的，底下有两个洞，会流出鼻涕来。嘴巴会吃饭，又会讲话。有时上下还会生出胡须来。这样一想，就觉得眼睛以上很冷静，而以下很热闹。于是提起笔来，把眼睛高高地画在上方，就成了很可怕的面貌（读者诸君可试画画看）。倘然能摒绝思索，用直线的眼光去观察脸孔的本身的姿态。就可发见前述的定规，眼睛的位置必定在头的正中。眼睛以上，花样虽少，地方却大。如果应用这眼光去看婴孩的头，更可知道，婴孩的眼睛生得非常之低，竟位在头的下方三分之一处。眼睛以上，脑壳很大，要占头的三分之二。眼睛以下，口鼻下巴都很小，只占头的三分之一。

有一张宣传画，画丈夫去当兵，妻子背着婴孩种田，我看那婴孩，简直是一个小型的大人。那女人背着这样的一个怪物而种田，样子很可笑。看的人都说，"这孩子画得不像"。但他们说不出不像的原故来。其实原故很简单，就只是两只眼睛画得太高了，画在比正中更高的地方，就画成一个"小大人"。只要把眼睛改低，改在头的下面三分之一的地方，就像一个可爱的婴孩了。

　　上面两实例，足证我们的眼光，常被思虑所惑乱。因而看不清楚物象本身的姿态。儿童思虑简单，最容易发见物象的本相。所以，学画从儿童时代学起，最易入门。但只要能懂得把眼光放直的方法，即使是饱经世故的成人也可以学画。

　　要学艺术的人们，请先把你们的眼光放直来！

　　眼光放直的方法，最初有两种练习，第一是透视练习，第二是色彩练习。

　　透视法，又名远近法，英文叫做 Perspective。这是对于"形状"的"眼光放直法"。换言之，就是把眼前的立体形的景物看作平面形（当它是挂在你眼前的一张画）的方法。你眼前的各种景物，对你的距离远近不等：一枝花离开你数尺，一间屋离开你数丈，一座山离开你数里。但你要把这些景物描在纸上时，必须撤去它们的距离，把它们看作没有远近之差的同一平面上的景象，方才可写成绘画。"远近法"这个名词，就是从这意义上来的。要把远近不同的许多事物拉到同一平面上来，使它们没有远近之差，只要假定你眼前竖立着一块很大的玻璃板〔犹似站在大商店的样子窗（橱窗）前〕，隔着玻璃板而眺望景物，许多景物透过了玻璃板而映入你的眼中时，便在玻璃上显出绘画的状态。"透视法"这个名词，就是从这意义上来的。

　　物体的大小高低等形状，实际的与透视的（绘画的）完全不同。实际上同样的，在绘画上有种种变化；距离远近一变，大的东西会变成小，方的东西会变成扁。位置上下一变，高的东西会变成很低，低的东西会变成很高。例如：笔直的马路旁边，种着同样高低的许多树。你站在马路中眺望树列，忘记它们的远近。当它们是面前一块大玻璃板上的现象时，便见树木越远越小越短。又如很长的走廊的天花板上，装着许多电灯。你站在走廊的一端眺望时，用上述的看法，便见电灯越远越小越低。再看走廊的地板，便见越远越小越高。

　　研究这种形状变化的规则的，就是远近法。远近法的要点，是"视线"与"视点"。在玻璃板上画一条与观者的眼睛等高的水平线，这就是"视线"。再从观者所站立的地方向上引一垂线，二线在玻璃板上相交，这交点就是"视点"。此时眼前一切物体的形状的变化，皆受视线与视点的规律。凡在视线上面的（实际上，就是比观者的眼睛的位置更高的东西。例如电灯，屋檐等），近者高而远者低。反之，在视线下面的（实际上，就是比观者的眼睛低的东西，例如教室里的凳子，走廊里的地板，铁路等），近者低而远者高。在画中，视线就是地平线。视点就是观者所向的地平线上的一点。上下左右四方一切物体，皆由视点的放射线规定其大小的变化。关于详细的法则，有透视法专书记述，现在不必详说。读者须知道：透视法，其实很容易。只要懂得了眼光放直的看法，一切透视法都懂得，不必再读透视法专书了。透视法专书，好比文法书，你们学英语，只要熟读理会，不学文法亦可。反之，如不熟读理会，要按照了文法的规则而讲英语，是万万不能的。同理，不懂得眼光放直的方法，要按照了远近法的规则而作画，也是万万不能的。

由上文可知物体的透视状态，与实际状态完全不同。实际上大的东西，在透视上有时变得很小。实际上高的东西，在透视上有时变得很低。对风景时要作透视的看法，只要不想起实际的东西，而把眼前各物照当时所显出的形状移到所假定的玻璃板上，便可看见一幅合于远近法的天然图画。例如你站在河岸上，看见最近处水面上有一只帆船。稍远，对岸有一座桥。更远，桥后面有一座山。最远，山顶上有一支塔。这时候你可想象面前竖立着一块大玻璃板，而把远近不同的船，桥，山，塔，一齐照当时所显现的形状而拉到玻璃板的平面上来，便见一幅风景画。但当你拉过来的时候，必须照其当时所显现的形状，切不可想到实物。倘然当它们是实物而思索起来，就看不见天然的图画了。因为当作实物时，一定要想起"桥比船大，塔比桅粗，山比帆高"等实际的情形。但在透视形状中，完全与你所想的相反：桥比船小得多，塔比桅细得多，帆比山高得多。帆船中的小孩子，其身体比桥上走的大人大到数十倍呢。倘照实际大小描写，便不成为绘画。故风景必合乎远近法，方成为绘画。即现实必用直线的眼光看，方成为艺术。

其次，对于色彩，也须用直线的眼光看，方能使它成为艺术上的色彩。

色彩，照科学的理论，是由日光赋予的。日光有七色：赤、橙、黄、绿、青、蓝、紫。其中赤、黄、蓝叫做"三原色"，是一切色彩的根源。三原色拼合起来，产生"间色"：橙（赤与黄拼），青，绿（黄与蓝拼），紫（红与蓝拼），便是第一次间色。间色再互相拼合起来，产生无穷的色彩，有许多色彩，没有名词可称呼。这便造成世间一切的色彩。宇宙间森罗万象，各有固定的色彩，例如花是红的，叶是绿的，泥土是灰色的，或者复杂得很，不可名状的。

但这固定的色彩，是实际的色彩，不是艺术的。艺术上的色彩，是不固定的，因了距离和环境而变化。要看出这种变化，就非用直线的眼光不可。

例如：春夏草木繁茂的山，在实际上，其色彩当然是绿的（我国人对青与绿，常常混乱不分，故诗文中称为青山），即春山的固定色是绿。但是，用直线的眼光看去，春山不一定绿。如果这山离开你有数里路，你望去看见它是带蓝的。因为中间隔着许多空气，模模糊糊，就蒙上蓝色。如果是重庆的山，隔离半里路，也就变成蓝色。因为雾很重，绿山蒙了雾，都变成蓝山。如果是傍晚，夕阳下山的时候，你眺望远远的山，看见它们都变成紫色。因为地上的蓝色的暮烟，拼合了夕阳的红光，变成紫色的雾，这紫雾蒙住了群山。又如很远的山，不管它是黄是绿，一概变成淡淡的青灰色。诗人描写女人的眉毛，就用远山来作比方。"水是眼波横，山是眉峰聚""一双愁黛远山横"，此类的诗句，都要用直线的眼光眺望色彩，方才描写得出。可知用艺术的眼光看来，世间万象的色彩，都不固定，因了距离而变化。

人的脸孔，实际上都是近于黄、红、橙、赭的一种色彩，但是也并不固定。假如一个少女撑着一顶绿绸阳伞，站在太阳光底下，她的桃花色的双颊上，就会带着绿色或蓝色。西洋的印象派绘画，正是用直线的眼光观察色彩而描写的。所以印象派作品中的少女的面庞上，各种色彩都有。不但少女的面庞如此，其他一切物体，都没有单纯的固定的色彩，都是赤橙黄绿青蓝紫各色凑合而成的。不过其中某一种色彩占着强势，这物象就以这种色彩为主调。且这主调又完全不固定，跟了环境的影响而时时变化。雪白的粉墙，在强烈的日光的阴影内，显出翠蓝色。嫩绿的杨柳，在春日的朝阳中，显出金黄色。用艺术的眼光看来，世间万物竟没有固定的色彩。故印象派画家说："世人皆知花红叶绿，其实花有时而绿，叶有时而红。"这话实在含有艺术的真理。

以上所述，便是用直线的眼光来观看形状和色彩的方法。这又可称为"直观的"看法。直观是心理上的名词，在艺术上的解释，便是直线的观察的意思。

反之，前述的用曲线的眼光的看法，就可称为"理智的"。理智也是心理上的名词，在艺术上的解释，便是用智力想起物象的作用及因果关系的意思。

上述是初步的练习。最后，我们更进一步来谈艺术的眼光。

前面说过：艺术的眼光是直线的，非艺术的眼光是曲线的。故艺术的眼光对物象是"看见"，非艺术的眼光对物象是"想见"。

更进一步来讨论：艺术的眼光对物象也可以"想见"。不过这"想"仍是直线的想，不是曲线的想。

什么叫做"曲线的想"与"直线的想"呢？答曰：想见物象的作用及因果关系的，叫做"曲线的想"。不管它在世间有何作用，对世间有何因果关系，而一直想起它的本身的意义的，叫做"直线的想"。

举几个浅显的例来说：例如花，是艺术上常用的好题材。其所以能成为好题材者，乃艺术家对它的看法与感想不同之故。若用非艺术的眼光看花，所见的只是果实的成因，植物的生殖器。这便离开了花的本身，转了个弯，转到花的作用或因果关系上去。艺术的想法就不然，不想起花的作用关系等，而一直从花的本身上着想。所见的才是花的本身的姿态。诗人所见便是这姿态。例如写梅花，曰："暗香浮动月黄昏。"写桃李曰："佳节清明桃李笑。"写荷花曰："微有风来低翠盖，断无人处脱衣红。"不想梅子，桃子，李子以及藕和莲蓬，而专从花的本身上着想，才真是为花写照。

又如月，若用非艺术的眼光看，也只是地球的卫星，阴历月份的标准。这便离开月的本身，转到它的作用关系上去。艺术的想象就不然，专就月亮本身着想。故诗人说："江畔何人初见月，江月何年初照人？""六朝旧时明月，清夜满秦淮。"这才是为月本身写照。这种写法，对于读者有多么伟大深刻的启示！

（选自《率真集》，上海万叶书店 1946 年 10 月版。）

精彩一句：

艺术的眼光是直线的，非艺术的眼光是曲线的。故艺术的眼光对物象是"看见"，非艺术的眼光对物象是"想见"。

李梅品鉴：

"看见"与"想见"是丰子恺先生就人们对物象所观看方式的两种界说，"看见"可称其为直线的看，"想见"则为曲线的看。

这是非常形象和生动的解说，首先，他以艺术家和商人、植物学家等不同文化背景的人，观看花的方式和感受体验的不同，强调了艺术的眼光正是能见出事物本身物象特征的路径，而非艺术的眼光更多关注的是物象各因素或与其他物象的相关联系及原因和结果的探究，忽略了本该呈现出的物本身的特征，即物象本身。其次，艺术的眼光，是最能捕捉到生活趣味的方式，因人生中，趣味乃是一件极为重要的事体，否则生活就会枯燥；再次，儿童和艺术家具有同样直线的眼光，但是，儿童的眼光往往只是直线的，艺术家的眼光是能屈能伸的。

艺术的眼光对物象也可以"想见"，不过这"想"仍是直线的想，不是曲线的想。所以，想和见都非得是直线的，方能看到事物的本身的相，见出现实世界中富有趣味的一面，这亦是人生要艺术的原因。

可见，人生的艺术化和艺术化的人生，与这"看"的方式确实有很大关系。

艺术与艺术家

圆满的人格好比一个鼎，"真、善、美"好比鼎的三足。缺了一足，鼎就站不住，而三者之中，相互的关系又如下："真""善"为"美"的基础。"美"是"真""善"的完成。"真""善"好比人体的骨骼。"美"好比人体的皮肉。

真善生美，美生艺术。故艺术必具足真善美，而真善必须受美的调节。一张纸上漫无伦次地画许多山，真是真的，善是善的，但是不美，故不能称为画。琴瑟笙箫漫无伦次地发许多音，真是真的，善是善的，但是不美，故不能称为乐。真和善，必须用美来调节，方成为艺术。

这道理又可用礼来比方。古人解释礼字，说："礼者，天理之节文，人事之仪则也。"天理、人事，就好比真和善。节文、仪则，就好比美。古书中说：曾子耘瓜，误斩其根。曾子的父亲痛打他一顿。曾子被打得死去活来，立刻弹琴，其意要使父亲知道不曾打死，可以放心。这可算是孝之至了。但是孔子反而骂他大不孝。说他不晓得权变，无异杀其父之子。这就是因为曾子只知一味的孝，而无节制。换言之，曾子这种孝法真是真了，善是善了，但是不美，故不成为艺术（艺术就是礼）。子路一味好勇。孔子骂他说："暴虎凭河，死而无悔者，吾不与也。"也是因为子路一味好勇，不知节制，换言之，子路的勇真是真了，善是善了，但是不美，故不成为艺术。孝和勇，都是天理，都是人事。但这天理必须加以节文，这人事必须加以仪则，方合乎礼。节文和仪则，就是"节制"。在艺术上，真善加了节制便成为美。

礼是天理与人事之节文与仪则。同理，"艺术是声和色的节文与仪则"。小猫爬到了洋琴（钢琴）的键盘上，各种声音都有，但不成为乐曲。画家的调色板上，各种颜色都有，但不成为画。何以故？因为只有声色而没有节文与仪则的原故。故可知"节制"是造成艺术的一个重要条件。我要用绘画上的构图来说明这道理。因为构图法最容易说得清楚。

所谓构图，就是物象在纸上的布置。画一个人，这个人在纸上如何摆法，是一大问题。太大也不好，太小也不好，太正也不好，太偏也不好。必也不大不小，不正不偏，才有安定帖妥之感。安定帖妥之感，就是美感。中国古人对于瓶花的插法费很大的研究，便是构图的研究。龚定庵诗云："瓶花帖妥炉烟定，觅我童心廿六年。"眼睛看见帖妥的姿态，心中便生美感，可以使人感怀人生，插花虽是小事，其理甚为深广，可以应用在任何时代的人类生活中，可以润泽任何时代的人类生活。幸勿视为邈小。

构图法中的"多样统一"，含义更深。多样犹似天理人事，统一犹似节文仪则。例如画三个苹果，连续并列在当中。统一则统一矣，但无变化，不多样。虽有规则，而不自然，不算尽美。反之，东一个，西一个，下边再一个，历乱布置。多样则多样矣，但无条理，不统一。不美，不成为艺术。故统一而不多样，多样而不统一，皆有缺点。必须多样而又统一，统一而又多样，方成为尽美的艺术。多样统一的三个苹果如何布置？没有一定。要之，有变化而又安定帖妥的，都是多样统一的好构图。这个道理.可用孟子所说的"礼"和"权"来比方："男女授受不亲，礼也，嫂溺援之以手，权也。"孔子的书里也有一个比方："叶公语孔子曰，吾党有直躬者，其父攘羊，而子证之。孔子曰，吾党之直者异于是。父为子隐，子为父隐，直在其中矣。"这是多样统一的。换言之，是艺术的。

我所见的艺术，其意义大致如此。照这意义说，艺术以人格为先，技术为次。倘其人没有芬芳悱恻之怀，而具有人类的弱点（傲慢、浅薄、残忍等），则虽开过一千次个人作品展览会，也只是"形式的艺术家"。反之，其人向不作画，而具足艺术的心。便是"真艺术家"。故曰，无声之诗无一字，无形之画无一笔。在现今的世间，尤其是在西洋，一般人所称道的艺术家，多数是"形式的艺术家"。而在一般人所认为非艺术家的人群中，其实有不少的"真艺术家"存在着，其生活比有名的艺术家的生活更"艺术的"。

（1940年作。选自《丰子恺文集》第4卷，
浙江文艺出版社／浙江教育出版社1990年版。）

精彩一句：

圆满的人格好比一个鼎，"真、善、美"好比鼎的三足。缺了一足，鼎就站不住，而三者之中，相互的关系又如下："真""善"为"美"的基础。"美"是"真""善"的完成。

李梅品鉴：

丰子恺先生谈真、谈美、谈善、谈艺术、谈人生始终都流露着他内心深处真率人生论美学的思想和主张。他善用打比方的手法，将真善美这一与人生和艺术都有关涉和密切相联的德性休养，誉为鼎的三足，三者缺一不可，唯有具足，才能立足。多么形象的言说和比喻，多么引人深思的例子。深刻地展示了丰子恺先生所看重的真善美具足的人生论主张。

对于真善美三者之于艺术，先生有着自己的论述：真善生美，美生艺术。故艺术必具足真善美，而真善必须受美的调节。在此，先生以中国古代的礼来比方，古人曰："礼者，天理之书文，人事之仪则也。"天理、人事好比真善，节文、仪则就好比美。节文和仪则就是"节制"，在艺术中，真善加了节制便成为美，艺术是声和色的节文和仪则。这是丰子恺先生援引古语所做的阐释和解说。"节制"是成就艺术之为艺术的一个重要条件。所谓节制，简单来说，在艺术中，即是妥帖、合适，使人看到，心生美感，感怀人生。如绘画艺术中的构

图，实现多样统一的特征，也是有"节制"的体现。

然在先生看来，"艺术以人格为先，技术次之"，唯具有芬芳悱恻之怀，具足艺术的心，方能成为"真艺术家"。所以，适度调节、变化，不拘泥于律令，实现多样化统一，坚持真善美具足的艺术之心，过艺术化的人生，才是丰子恺先生极为推崇的大艺术家所为。

工艺实用品与美感

我在永安公司楼上看见过一种象牙雕的裸体女子，大概雕的人不是像外国雕刻家地习过人体木炭写生，研究过艺用解剖学的，故雕得很难看：只是把乳房，腹部，臀部作得肥胖胖；姿势的权衡，身体各部的尺寸，筋肉凹凸的表现，全然乖误，狞恶而没有人相，看了不但要"作三日呕"，而且怕得很。

我在无锡——以产泥人形著名的无锡——看见过泥做的叫化子，鸦片鬼，做的非常逼真。篷篷的发，青面獠牙的脸，伛偻的腰，使人见了毛骨悚然，不敢逼近去看。

我在上海城隍庙看见过嵌出 A B C D 等外国字母的景泰窑的瓶、匣。字母是没有意义的，而且有几个左右反转像镜子里所见的，不知是 B 或 K 已经记不清楚，但我可决定它不是俄文（俄文中有几个字母是英文字母反转的）。看了觉得很好的景泰窑的质料，为什么要这样无聊地像乡下姑娘绣鞋地、抄美孚牌煤油箱上的字母来作装饰？真是可惜得很！

我又在上海的大银楼里看见过银制的黄包车，轿子，船，洋房，纤细得很，周到得很。工夫一定很费，卖给惊叹其细巧而贪爱其为银的太太们，也一定很值钱。所惜不过是一味的徒然的纤巧，大体全然不玲珑，人物尤其无神气。

看到这等东西，常常使我不快；想象假如有一个店主拉住我，硬要送我一件，我一定不受。

考察上述四种东西的制造者、购买者的心理，可知象牙裸女是模仿西洋的皮毛，或是取其色情的。叫化子与鸦片鬼由于丑恶的、残忍的好奇心。洋字的瓶与匣是幼稚的恶俗的趣味。银黄包车出于盲目的弄富的心理。在我们所日常接触的工艺品，实用品中，这类的东西还有不少，又大概是出于这一类的心理的。这种心理，明明是全然与"美感"无关系的。所以我想，看了觉得不快的，一定不止我一人。

所以我们张开眼来，周围的物品难得有一件能给我们的眼以快感，给我们的精神以慰乐。因为它们都没有"趣味"，没有"美感"；它们的效用，至多是适于"实用"，与我们的精神不发生交涉。

人类自从发见了"美"的一种东西以来，就对于事物要求适于"实用"，同时又必要求有"趣味"了。讲究实质以外，又要讲究形式。所以用面包与肉来果腹，同时又要它们包成圆形而有花样的馒头；用棉来蔽体，同时又要制成有格式的衣服；要场所来栖宿，同时又要造成有式样的房屋。

所以在美欲发达的社会里，装潢术，图案术，广告术等，必同其他关于实用的方面的工技一样注重。在人们的心理上，"趣味"也必成了一种必要不可缺的要求。从饮食上，也可证明这是事实：据实验过的人说，方糖比白糖不甜，在糖中，要算焦黄而夹杂草叶的次白糖最甜。但我们看见方糖先自整整地陈列在盆子内，自己用瓢舀起来，放下去，看它像白衣人跳在黑海里地没入咖啡中，自己调匀来吃，滋味比放次白糖一定好得多。其实用的"甜"原来一样，也许不及一点，但感觉的趣味是好得多了。丁香萝卜（作者家乡话，即胡萝卜）其实并不好吃，但切成片子，橙黄而圆圆地浮在第一盆菜的 soup（汤）中，滋味自然好起来。巧格力有了五色而有光的锡包纸，滋味也好一点。苹果的滋味，是暗中借重于其深红嫩绿的外皮的。荔枝的滋味，也是暗中借重于其玉洁冰清的肉色的。

优良的工艺品，实用品，也是于实用以外伴着趣味，即伴着美感的。而那四种物品，给我的印象只是下劣而散漫无理。记得五六年前我刚从日本回来的时候，常常欢喜跑到虹口的日本店里去买日本的"敷岛"香烟，五德糊，甚至鸡毛帚不要用，而用日本的"尘拂"，筷子不要用而用日本的消毒割箸（来自日语，指一种用时劈为两只的木筷子），礼拜日还常常去吃"天麸罗荞麦"，房间里又设日本人用的火钵。为的是：日本的一切东西普遍地具有一种风味，在其装潢形式之中暗示着一种精神。这风味与精神虽然原是日本风味与日本精神，无论是小气，是浮薄，总有一个系统，可以安顿我的精神。回顾向来用惯的我国的物品，有一部分是西洋的产物，一部分是东洋的产物，又有一部分是外国人迎合中国人心理而为中国人特制的，又有一部分是中国人模仿外国的皮毛而自制的，还有一部分是中国旧有而沿用至今的东西，混合而成。混合并非一定不好。混合中也许可以寻出多方的趣味。可惜我们的只是"混乱"，是迎合，模仿，卑劣，和守旧的混乱的状态，象征着愚昧，顽固等种种心理。

其实我们的工艺实用品，有许多是很可惜的。大好的材料，为了形状与式样而损失其价值。原来物品的得用与否，不仅是质（材料）的问题，而更是形（做法）的问题。我看见有一种瓷器时，常常感到：只要作者于未入窑时在某一部分一捺，或增减一点，就立刻变成良好的物品了。这是全不费工本的一回事。又常常感到：如果作者能省去某一部分的细工或绘图，也就立刻好看了。这更是所谓"出力不讨好"的事。景泰窑，江西瓷，象牙，白铜，是何等好的材料！只要改良其形状，色彩，图案等制造方法，工艺实用品就进步了。这正如做菜一样：高明的厨司与低劣的厨司，所用的材料同是鱼，肉，盐，油等，同样用锅，同样用火，只是分量的分配，下锅的久暂等做法不同而已。

优良的工艺品，是"实用"与"趣味"两种条件都满足的。例如外国的牛奶壶，口上长出一个荷花边形的缺口，倒起来很利便；柄的弯度适合手指的位置，拿起来又自然；长身细腰的形又好看，真是进步的工艺品。又如外国的剪刀，插指的两洞孔高低不齐，适合大指与食指及中指的位置，而每个洞孔内，又

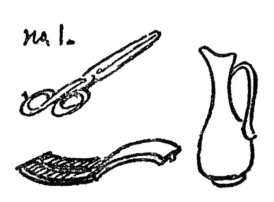

依手指的方向而作角度不同的斜面，手指套在洞孔内感到舒服。一方面参差的形，变化的线与面，又非常好看，这也可说是优良的实用品的实例。还有一种纸盒子或烟匣子，长方形而扁薄，弯成瓦形。弯弯的曲线既很好看，开开来的形象更加美观，像第一图，放在衣袋中又适合身体的弯度，贴切而爽快，也是好的工艺品。因为形式的美观，实用的便利，在这种用品上两全了。偏于实用的，固然粗俗，偏于趣味的，有时也有空虚无实的感觉。例如法国产的酒瓶，有一种像第二图甲的样子的，形状颜色的优美，自然使人满足，然而一则过于求形状的秀长，瓶底太小，颇不稳当，二则瓶的容量究竟太小，实用上总觉得不便。这也许因为我的酒量比这壶的容量大的原故。在巴黎的美人，或高贵的人，没有感到这一点，也未可知。我们这里人家爱用像第二图乙的，全无装饰的冬瓜似的红泥瓶，用以盛酱油或酒，取其容量大而价钱巧。这甲乙两种酒瓶，可说是趣味与实用的两极端。

优良的工艺品，不但要讲究形式，又要讲究材料。同材料的物品，固然可因形状色彩的形式的美丑而分高下，所以说改良工艺品不是材料的问题，是制造方法的问题。但仅就材料而论，材料对于实用与趣味也很有关系。景泰窑，象牙，金，银，原是贵重的材料。但并非无论何物用这等为材料就好。景泰窑宜做瓶，象牙，金，银宜做装饰品。景泰窑的碗（上海城隍庙所见），象牙的筷，银的痰盂（上海各银楼所见），材料不适当而又无理。材料决不是只要贵重就好的。镍制的瓢，木制的日本筷，洋瓷（指搪瓷）制的面盆，材料虽平常，然因适当，故用时有快适之感。流行的贵重品大理石桌面，总有不自然的感觉。木制物倘只知加漆为贵重，为讲究，有时反要损失材料的趣味。例如栗木，本色是很好看的，加漆反而俗气。本色的铅笔杆，我常常觉得色泽既沉静质朴，拿起来的感觉又快适，远胜于加漆的杆。

于是我想起了对于日常接触的几种实用品的印象，现在把对此所发生

的种种感想与意见一并写出在下面。

近来社会上流行的实用品中，往往用一种投机的名目。例如"国耻"，"五卅"，"中山"等字，既普遍地被用作商店学校的名称，又普遍地被用作各种实用品上的装饰。有国耻牌香烟，有五卅牌毛巾。又有中山牌表，中山牌香烟，中山布，中山鞋。在实用品的装饰中寓一种劝励的意义，或纪念的意义，本来是可以的。但过于生硬而不自然，就徒然引起人的恶感。商人过于热心于商品的销行，越明显越好，越大越好地在物品上制上"五月九日国耻纪念"，"毋忘国耻"的隶书的大字，或印上孙中山先生的照相。例如有一种毛巾，下端印着洋钱大的"凡我同胞，毋忘五九"八个大红字，明了是明了的，到底很不雅观。无论它质地何等坚牢精致，我实在为了这装饰的不美观而不愿购用。我在小市镇的江湾的洋货店里，发见一条下端一条很细的细红线的毛巾，质料并不良好，但我为了这一条细红线的趣致而购用了，觉得比前者好看得多。

拿一个很大而圆形的中山先生的照相镶在表中商标的地位，也似乎有同样不自然的感觉。洋钱上原也有很大的袁世凯肖像，但那是浮雕，占有洋钱的全面，作为洋钱的全部的装饰，而且那洋钱是袁大总统治世的货币，自然意义与形式都相宜。表，在意义上与孙中山先生并无关系，就是要在天天出入怀中的表上告示人以纪念伟人，这样率然地在十二点钟的罗马字上镶一个平常的铜版照相，明白是明白了，形式到底不美观。用无色的浮雕，或用在背面，岂不更适当一点呢？我在市中看见了中山表那一天，回家后想起钟表的时辰盘何不改为种种的图案呢？就拿油画笔把壁上的挂钟的时辰盘上的罗马字用油画颜料涂杀，画作一枝杨柳树，又在两个针头上黏附黑纸剪成的两只燕子，由燕子飞的方向的角度辨识时间。油画颜料一干是拿不脱的，现在我还在用这奇怪的钟。

香烟匣的图案，种类很多，倒是很丰富的一个话题。香烟匣图案中，好看的很多，难看的也很多，但不知什么关系，红屋牌香烟最讨我的嫌恶。红屋牌香烟英名为 Old mill，照字面上讲起来是"老的磨车"的意思，匣面上也画着一个水转的磨车。但不知为什么中国译作"红屋"。就匣面看，是一幅写生画式的彩色的风景画，中景是一所屋，屋上略有几点红色，旁边一架水车，近景是河，草地，树木，远景是丛林及夕阳时候似的红光的天空。天空中就是"Old mill"的双线的大红字。所以译作"红屋"，想来是为了屋上有几点红的关系吧。这名称既然奇怪，而用写生画式的风景画作为匣面装饰，更是幼稚的、拙劣的办法。况且这幅风景，画的又最恶俗，碧蓝的水，青葱的草地与树叶，并行线式的天空的红云，鸦嘴笔画的建筑物上的直线，画趣全然幼稚而恶俗。我疑是美国人迎合中国人的下劣的嗜好而作的。又红屋的匣边上，用红黄黑三种颜色，非常不调和，也是使人起不快之感的。原来实用品上的装饰，就是要用风景，也须改作图案风的画法，方才有"装饰"的趣味；把原样的一幅写生风景缩印在上面，而且占着匣面全部，无论如何不会好看的。与红屋牌同样办法的，还有前门牌，长城牌，天桥牌〔Capital（首都），这译法我也不懂〕等。其中前门牌很好看，比较起来差得远了。因为所画的前门，是有一点图案风的，不是全然的写生风，又围在圆形的额内，后面衬着鼠色柔静的背景。长城牌呢，画法虽也是写生风的，但外面有阔的边，不像红屋的只用一条细的黑线，又内部下方全是山，上方全是天，风景本身已带一点图案的风味，所以比红屋好看一点。至于天桥牌，恶俗同红屋一样，唯不像红屋的散漫乱杂，又不像红屋的占有全面，而用圆额，就是这点较胜。匣旁边的回文角，背面的金八结商标衬着红地，倒有一种中国风的华丽浓厚的趣味。现在流行着的香烟，我虽然没有统计，想来总不下数十种。因为我吸的是中下等的香烟，故对于阔客吸的最上等的及黄包车夫吸的最下等的未曾注意到，只就自己的阶级里的说说。前天我在烟店里一选，发见还有许多比红屋更不好看的香烟，其中的代表者"五蝶牌"，这图案的特色，是所用的色，计有蓝，黑，赭，墨绿，白，黄，橙，紫，粉红，深蓝九种之多。一种原始的散漫的华丽，颇足以引惹欢喜穿大红大绿的未开化人的兴味。

在这阶级里我所觉得好的香烟，是仙女牌与联珠牌。仙女牌英名为 Victory（胜利），名义虽然也译得奇怪，但不问英字意义，假定图中的女子为仙女，似比红屋、天桥近理一点。匣的周围用褐色的阔边，坐着的女子取 Michelangelo（米开朗琪罗）作的建筑雕刻式的位置。右手持武器似的杆，左手持红黄蓝白黑的盾，又像希腊古代雕刻的雅典女神的姿势。后面用淡红的太阳及日光为背景，全体总算端整稳定，形式上，色彩上，少有可非难的点。联珠牌用的是金，紫，碧，白四色，也觉得幽雅秀丽。方格中装一个椭圆形，以联珠作边，线的配置也不坏。我已经有五六年欢喜吸这两种香烟了，总觉不愿意吸别的。因为同阶级中的别的香烟，烟丝也许有比这等更好的，但竟找不出比这两者更好看的图案来。好看的烟匣从衣袋中摸出来时，且不说烟味，其样子已经给我们的眼以一种慰安了。幸而仙女及联珠的烟丝也不坏，朋友中同意于我的意见而吸这两种的人也很多。

因为谈香烟，附带地想起了火柴。火柴的匣面图案，也有各式各样，我没有仔细留意，一时不能详说。只记得看见过一种新出的叫做"桑女牌"的，恶劣得很。中国出的火柴，几乎没有一种好的匣面图案。比来比去，还是老式的"燮昌"牌红头火柴，匣上是一色画的姜太公钓鱼图，耐看一点，因为它总算是纯粹的中国画式的，没有那种不中不西的恶味。

关于茶杯，有形式与图案两方面的批评。像第三图所举。1、2、3三种为日本式，形状简单，图案质朴，也自有一种日本风味。4、5两种为西洋式，形状与图案均简单，也自有一种西洋风。6为中国旧式，形状玲珑复杂，图案华丽而工细，也自有一种中国风。惟7、8两种，是中国制新式的，或日本替中国制的，或取复杂的曲线形，鲜艳而幼稚的图案，或绘细致的风景。这种茶杯现在很流行，价钱也很便宜。其实趣味反不及质料粗陋的所谓"江北碗"好。像9便是一种江北碗，每个只值几个铜板，黄褐色的糙瓷，口上绘蓝色的几笔花叶，形与图案均古朴可喜，不过质料粗一点。中国新式的瓷器中，不止茶杯，凡壶，瓶，碗，盆中，有不少的幼稚而可嫌的东西，可嫌的点，就在形的一味好奇，色与花纹的一味好华丽，金，红的滥用。其例不胜枚举。比较之后，使我在粗陋的所谓江北货中发现了许多好的古朴可喜的器具。图中9的碗，我记

得以前曾向一家做丧事人家的茶担上转买四个，每只铜元五枚，我曾陈列在书架上，经许多朋友欣赏过。后来，又在西门一个旧货摊上以六个铜板买了同样质料的一个瓶，像图中 10，颜色上半是暗黄，下半是殷红，真是陈列或静物写生的好材料。在新式的细洁的瓷器中，从未见过这样好的形式。茶壶之中，不是像 11 的奇形而奇色，就是像 12 的只顾实用。

玩具有欢喜"逼真"的恶习。故多数的玩具，是照真的物件缩小的。小洋房，小大菜桌，小黄包车，……都是小型而逼真的玩具。近来这种办法甚至应用到人身上：七八十来岁的女孩，竟给她像母亲一样地穿小裙，小女衫，梳小头，装成一个奇形的小太太。使人对于这女孩子不敢接近。

最恶劣的，无过于近来在上海流行的、贺开张用的画框了。试入新开的商店内，必可看见环壁是这类的画框。写出或用小块镜子玻璃填出"长发其祥"，"财源茂盛"一类的字，旁边是大红大绿及金银色的花纹，好像戏文里的袍或幔上的花纹，而更加散漫乱杂。总之，是盲目的一味贪好华丽浓厚，使五光十色，眩耀人目而止，毫无一点"美"的影踪。

不良的工艺品，实用品，逐日的产出，大批的销行，可见一定是有人欢喜而购买的。这原是国民美育程度的根本问题，但从工艺品促进改良上促进国民的美育，以工艺品改良为艺术教育的一端，也是可能的事。十九世纪末的英国德国的艺术教育运动，便是发轫于工艺品改良的。英国为了其工艺的出品在巴黎大博览会遭失败而提倡艺术教育，德国为了其工艺的出品在一八五一年的伦敦大博览会遭失败而开艺术教育大会。我国艺术专门学校已经林立，而独无人注意于工艺品的改良，坐使商人利用民众的幼稚的鉴赏力的弱点，而源源地产出恶劣的物品，不可谓非艺术教育者对于社会方面的疏忽。

（原刊《一般》1926 年第 1 卷 12 月号。）

精彩一句：

人类自从发见了"美"的一种东西以来，就对于事物要求适于"实用"，同时又必要求有"趣味"了。

连祥品鉴：

19 世纪末，莫理斯发起了英国工艺美术运动。在莫里斯等人的影响下，丰子恺十分关注与民众的日常生活密切相关的日用工艺品。他认为，优良的日用工艺品，应注重实用以外伴着趣味，即伴着美感的；同时要既讲究形式又讲究质料。以此来衡量 1920 年代中国出产的日用工艺品，大都是趣味恶俗的。

丰子恺因此感叹道："不良的工艺品，实用品，逐日的产出，大批的销行，可见一定是有人喜欢而购买的。这原是国民美育程度的根本问题，但从工艺品促进改良上促进国民的美育，以工艺品改良为艺术教育的一端，也是可能的事……我国艺术专门学校林立，而独无人注意于工艺品的改良，坐使商人利用民众的幼稚的鉴赏力的弱点，而源源地产出恶劣的物品，不可谓非艺术教育者对于社会方面的疏忽。"

丰子恺对当年的日用工艺品很不满意，故缘缘堂里的书桌、书柜等日用工艺品都是自己亲自设计并专门找工匠来制作的。

漫画创作二十年

　　人都说我是中国漫画的创始者。这话未必尽然。我小时候,《太平洋画报》上发表陈师曾的小幅简笔画《落日放船好》《独树老人家》等,寥寥数笔,余趣无穷,给我很深的印象。我认为这真是中国漫画的始源。不过那时候不用漫画的名称。所以世人不知"师曾漫画",而只知"子恺漫画"。漫画二字,的确是在我的画上开始用起的。但也不是我自称,却是别人代定的。约在民国十二年(1923)左右,上海一班友人办《文学周报》。我正在家里描那种小画。乘兴落笔,俄顷成章,就贴在壁上,自己欣赏。一旦被编者看见,就被拿去制版,逐期刊登在《文学周报》上。编者代为定名曰"子恺漫画"。以后我作品源源而来,结集成册。交开明书店出版,就仿印象派画家的办法(印象派这名称原是他人讥评的称呼,画家就承认了),沿用了别人代定的名称。所以我不能承认自己是中国漫画的创始者,我只承认漫画二字是在我的画上开始用起的。

　　其实,我的画究竟是不是"漫画",还是一个问题。因为这二字在中国向来没有。日本人始用汉文"漫画"二字。日本人所谓"漫画",定义为何,也没有确说。但据我知道,日本的"漫画",乃兼称中国的急就画、即兴画及西洋的 cartoon 和 caricature 的。但中国的急就、即兴之作，比西洋的 cartoon 和 caricature 趣味大异。前者富有笔情墨趣，后者注重讽刺滑稽。前者只有寥寥数笔，后者常有用钢笔细描的。所以在东洋，"漫画"二字的定义很难下。但这也无用考察。总之，漫画二字只能望文生义。漫，随意也。凡随意写出的画，都不妨称为漫画，如果此言行得，我的画自可称为漫画。因为我作漫画，感觉同写随笔一样。不过或用线条，或用文字，表现工具不同而已。

我作漫画，断断续续，至今已有二十多年了。今日回顾这二十多年的历史，自己觉得，约略可分为四个时期：第一是描写古诗的时代，第二是描写儿童相的时代，第三是描写社会相的时代，第四是描写自然相的时代。但又交互错综，不能判然划界，只是我的漫画中含有这四种相的表现而已。

我从小喜欢读诗词，只是读而不作。我觉得古人的诗词，全篇都可爱的极少。我所爱的，往往只是一篇中的一段，或其一句。这一句我讽咏之不足，往往把他抄写在小纸条上，粘在座右，随时欣赏。有时眼前会现出一个幻象来，若隐若现，如有如无。立刻提起笔来写，只写得一个概略，那幻象已经消失。我看看纸上，只有寥寥数笔的轮廓，眉目都不全，但是颇能代表那个幻象，不要求加详了。有一次我偶然再提起笔加详描写，结果变成和那幻象全异的一种现象，竟糟蹋了那张画。恍悟古人之言："意到笔不到"，真非欺人之谈。作画意在笔先，只要意到，笔不妨不到，非但笔不妨不到，有时笔到了反而累赘。缺乏艺术趣味的人，看了我的画惊讶地叫道："咦！这人只有一个嘴巴，没有眼睛！""咦！这人的四根手指粘成一块的！"甚至有更细心的人说："眼镜玻璃后面怎么不见眼睛？"对于他们，我实在无法解嘲，只得置之不理，管自读诗读词捕捉幻象，描写我的漫画。《无言独上西楼》《几人相忆在江楼》《人散后，一钩新月天如水》，便是那时的作品。初作《无言独上西楼》，发表在《文学周报》上时，有一人批评道："这人是李后主，应该穿古装，你怎么画成穿大褂的现代人？"我回答说："我不是作历史画，也不是为李后主词作插图，我是描写读李词后所得的体感。我是现代人，我的体感当然作现代相。这才足证李词是千古不朽之作，而我的欣赏是被动的创作。"

我作漫画由被动的创作而进于自动的创作，最初是描写家里的儿童生活相。我向来憧憬于儿童生活。尤其是那时，我初尝世味，看见了所谓"社会"的虚伪矜恣之状，觉得成人大都已失本性，只有儿童天真烂漫，人格完整，这才是真正的"人"。于是变成了儿童崇拜者，在随笔中、漫画中，处处赞扬儿童。现在回想当时的意识，这正是从反面诅咒成人社会的恶劣。这些画我今日看了，一腔热血还能沸腾起来，忘记了老之将至。这就是《办公室》《阿宝两只脚凳子四只脚》《弟弟新官人，妹妹新娘子》《小母亲》《爸爸回来了》等作品。这些画的模特儿——阿宝、瞻瞻、软软——现在都已变成大学生，我也垂垂老矣。然而老的是身体，灵魂永远不老。最近我重描这些画的时候，仿佛觉得年光倒流，返老还童，从前的憧憬，依然活跃在我的心中了。

后来我的画笔又改了方向，从正面描写成人社会的现状了。我住在红尘扑面的上海，看见无数屋脊中浮出一只纸鸢来，恍悟春到人间，就作《都会之春》。看见楼窗里挂下一只篮来，就作《买粽子》。看见工厂职员散工归家，就作《星期六之夜》。看见白渡桥边，白相人调笑苏州卖花女，就作《卖花声》。……我住在杭州及故乡石门湾，看见市民的日常生活，就作《市景》《邻人之爱》《挑荠菜》。我客居乡村，就作《话桑麻》《云霓》《柳荫》……这些画中的情景，多少美观！这些人的生活，多少幸福！这几乎同儿童生活一样的美丽！我明知道这是成人社会光明的一面，还有残酷悲惨、丑恶黑暗的一面，我的笔不忍描写，一时竟把它们抹杀了。

后来我的笔终于描写了。我想，佛菩萨的说法，有"显正"和"斥妄"两途。美谚曰："漫画以笑语叱咤世间"，我何为专写光明方面的美景，而不写黑暗方面的丑态呢？西洋文学者巴尔扎克（Barzac）、左拉（Zola）的所谓自然主义，便是这个宗旨吧。于是我就当面细看社会上的残忍相、悲惨相、丑恶相，而为它们写照。《斑白者》《都市奇观》《邻人》《鬻儿》《某父子》，以及写古诗的《瓜车翻覆》《大鱼啖小鱼》等，便是当时的所作。后来的《仓皇》《战后》《警报解除后》《轰炸》等，也是这类的作品。有时我看看这些作品，觉得触目惊心，难道自己已经坠入了"恶魔派"（"devilism"）吗？于是我想，艺术毕竟是美的，人生毕竟是崇高的，自然毕竟是伟大的。我这些辛酸凄楚的作品，胡为乎来哉？古人说："恶岁诗人无好语。"难道我就做了恶岁诗人吗？于是我的眼就从恶岁转入永劫，我的笔也从人生转向自然。我忽然注意到破墙的砖缝里钻出来的一根小草，作了一幅《生机》。真正没有几笔，然而自己觉得比以前所作的数千百幅精工得多，以后就用同样的笔调作出《春草》《战场之春》《抛核处》等画。有一天我在仇北崖家里，看见桌上供着一个炮弹壳，壳内插着红莲花，归来又作了一幅《炮弹作花瓶》。有一天，我在汉口看见截了半段的大树，正在抽芽。回来又作了一幅《大树被斩伐》。《护生画集》中所载《遇赦》《攸然而逝》《蝴蝶来仪》等，都是此类的作品。直到现在，此类作品是我自己所最爱的。我自己觉得近来真像诗人了，但不是恶岁诗人，却是沉郁的诗人。诗人作诗喜沉郁。"沉郁者，意在笔先，神余言外，写怨夫思妇之怀，寓孽子孤臣之感。凡交情之冷淡，身世之飘零，皆可对一草一木发之；而发之又必若隐若现，欲露不露。反复缠绵，终不许一语道破。"（陈亦峰语）此言先得我心。

古人说："行年五十，方知四十九年之非。"我近来在漫画写作上，也有今是昨非之感。但也不完全如此，在酒后，在病中，在感动之下，在懊丧之余，心情常常变换，笔调也时时反复。所以上述的四个时期的作风，并不判然划界，却参差交互地出现在我的笔下，不过出现的程序大约如上而已。

（选自《率真集》，上海万叶书店 1946 年版。）

精彩一句：

然而老的是身体，灵魂永远不老。最近我重描这些画的时候，仿佛觉得年光倒流，返老还童，从前的憧憬，依然活跃在我的心中了。

李梅品鉴：

二十年，一段不长亦不短的岁月。说它不长，是因为那只是一个开启和孕育的阶段，从丰子恺先生创作漫画伊始，至大量作品的问世，用了他一生甚至更长的时间。

尽管他一再声称漫画这一画作形式，不是源于他的独创，有着其他的缘起，也有着难以界定的说辞，但是，漫画这一被后世冠以名号的创作形式，与丰子恺先生的绘画作品，有着休戚与共的关系。提及中国现代的漫画，人们自然地会想到丰子恺先生一生的艺术生涯，想到先生丰厚的作品，想到《护生画集》背后的种种故事和先生一生的坚守和执着。于其漫画作品前，驻足亦或思索，感动亦或欢喜，总令人思绪纷飞，甚至泪流满面。

先生将自己的漫画创作粗略分为四个时期，分别为描写古诗句时代；描写儿童相的时代；描写社会相的时代；描写自然相的时代。先生称它们之间是相互交错的，是其漫画创作中含有的四种相的表现。由被动解读古诗词到主动描写儿童生活相，从正面描写成人社会的光明相，再到正面描写成人社会的残酷悲惨相，直到从人生转向自然，将宇宙大化作为画作题材。

"自然"这一孕育丰富生命的视域，在丰子恺先生的笔下幻化出异常强大的生命力，成为最为深刻的画作题材。时刻在变又有所寄托，正如他自己所言，心情常常变换，笔调也时时反复。其变化和反复的创作历程，或许正是先生最深刻的人生体悟和传达，是最率真的情感倾诉和自然流露。

《读〈缘缘堂随笔〉》读后感

　　《中学生》第六十七期（大约是一九四四年中出版的）曾登载一篇《读缘缘堂随笔》，是日本人谷崎润一郎作，夏丏尊先生翻译的。当时我避寇居重庆，开明书店把那杂志寄给我看。接着叶圣陶兄从成都来信，嘱我写一篇读后感。战争时期，为了一个敌国人而谈艺术感想，我觉得不调和，终于没有写。现在胜利和平已经实现。我多年不写文章，如今也想"复员"。今天最初开笔，就写这篇读后感，用以补应圣陶兄的雅嘱。夏先生译文的序言中说："余不见子恺倏逾六年，音讯久疏，相思颇苦……此异国人士之评论，或因余之迻译有缘得见，不知作何感想也。"为答复夏先生的雅望，我更应该写些感想。

　　记得某批评家说："文艺创作是盲进的，不期然而然的。"我过去写了许多文章，自己的确没有知道文章的性状如何。我只是爱这么写就这么写而已。故所谓"盲进""不期然而然的"，我觉得确是真话。我看了那篇评文，才知道世间有人把我看作"中国最像艺术家的艺术家"（吉川幸次郎语），而把我的文章称为"艺术家的著作"（谷崎润一郎语）。我扪心自问：他们的话对不对？我究竟是否最像艺术家的艺术家？我的文章究竟是否艺术家的著作？对这一问，我简直茫然不能作答。因为"艺术家"三字的定义，不是简单的。古来各人各说，没有一定；且也没有一个最正确的定义。而我的为人与为文，真如前文所说，完全是盲进的，不期然而然的；所以我不敢贸然接受他们这定评。我看"艺术家"这顶高帽子，请勿套到我头上来，还是移赠给你们的夏目漱石，竹久梦二，或内田百川诸君，看他们接受不接受。我是决不敢接受的啊。

吉川和谷崎二君对我的习性的批评，我倒觉得可以接受，而且可以让我自己来补充表白一番。吉川君说我"真率"，"对于万物有丰富的爱"。谷崎君说我爱写"没有什么实用的、不深奥的、琐屑的、轻微的事物"；又说我是"非常喜欢孩子的人"。难得这两位异国知己！他们好像神奇的算命先生，从文字里头，把我的习性都推算出来。真可谓"海外存知己，天涯若比邻"了！让我先来自白一下：

我自己明明觉得，我是一个二重人格的人。一方面是一个已近知天命之年的、三男四女俱已长大的、虚伪的、冷酷的、实利的老人（我敢说，凡成人，没有一个不虚伪、冷酷、实利）；另一方面又是一个天真的、热情的、好奇的、不通世故的孩子。这两种人格，常常在我心中交战。虽然有时或胜或败，或起或伏，但总归是势均力敌，不相上下，始终在我心中对峙着。为了这两者的侵略与抗战，我精神上受了不少的苦痛。举最近的事例作证：

我最近到一个中学校去访问朋友，被那校长得知了，便拉了教务主任，二人恭敬地走来招呼我，请我讲演。讲演我是最怕的。无端的对不相识的大众讲一大篇不必要的话，我认为是最不自然，最滑稽的一种把戏，我很想同小孩子一样，干脆地说一声"我不高兴"，或是骂他们几句，然后拂袖而起，一缕烟逃走了。但在这时候，心中的两国，猛烈地交战起来。不知怎的，结果却是侵略国战胜了抗战国。我不得不在校长、教务主任的"请，请"声中，摇摇摆摆地神气活现地踱上讲台去演那叫做"讲演"的滑稽剧。上台后，我颇想干脆地说："我不高兴对你们讲话，你们也未见得个个高兴听我讲话。你们要看我，看了看，让我回去吧！"但又不知怎的，我居然打起了南方官腔，像煞有介事地在说："今天承蒙贵校校长先生的好意，邀我来此讲演。我有机会与诸位青年相见，觉得很是荣幸……"其实，我觉得很是不幸，我恨杀那校长先生！

我胡乱讲了半小时的关于艺术修养的空话，鞠躬下台，抽一口气，连忙走出讲堂。不料出得门来，忽被一批青年所包围，每人手持纪念册一本，要求留个纪念。这回我看清楚了周围几个青年男女的脸孔。我觉得态度大都很诚恳，很可爱。他们的纪念册很精致，很美观。足证这件事是真的，善的，美的。我说："到休息室来！"于是一大批少年少女跟我来到了休息室。我提起笔，最初在一个少年的绸面册子上写了"真善美"三个字，他拿着笑嘻嘻的鞠一个躬，一缕烟去了。一双纤手捧着一本金边册子，塞到我的笔底下来，我看看这双手的所有者，是一个十三四岁的面如满月的少女。她见我看她，打起四川白笑着说："先生给我画！"我心中很想把她的脸孔画进去，但一看休息室里挤满了手持纪念册的人，而且大都是可爱而可画的。我此例一开，今天休想回家去！我只得谎言拒绝，说我今天还有要事，时间来不及，替你写字吧，就写了"努力惜春华"五个字，她也欢喜地道谢，拿着走了。我倒反而觉得拂人之情，不好意思，我原来并无要事，并且高兴替一个个青年的册子上留些纪念。这比空洞的浮夸的"讲演"有意思得多，有趣味得多。可是在事实上，种种方面不许可。我只得讲虚伪的话，取冷酷的态度，作实利的打算。写到后来，手也酸了，时间也到了，只能在每人的册子上乱签"子恺"二字。许多天真可爱的青年，悻悻地拿起册子走了。而且很精致的册子上潦草地签字，实在是暴殄天物，破坏美观，亵渎艺术！啊！我为什么干这无聊的事？——以上所说，便是二重人格交战使我受苦的一个近例。有生以来，这种苦我吃了不少！

吉川和谷崎二君对我的习性的批评，真是确当！我不但如谷崎君所说的"喜欢孩子"，并且自己本身是个孩子——今年四十九岁的孩子。因为是孩子，所以爱写"没有什么实用的、不深奥的、琐屑的、轻微的事物"，所以"对万物有丰富的爱"，所以"真率"。贵国（对吉川、谷崎二君说）已逝世的文艺批评家厨川白村君曾经说过：文艺是苦闷的象征。文艺好比做梦，现实上的苦闷可在梦境中发泄。这话如果对的，那么我的文章，正是我的二重人格的苦闷的象征。

我既然承认自己是孩子，同时又觉得吉川、谷崎二君也有点孩子气。连翻译者的夏先生，索稿子的叶先生，恐也不免有点孩子气。不然，何以注目我那些孩子气的文章呢？在中国，我觉得孩子太少了。成人们大都热中于名利，萦心于社会问题、政治问题、经济问题、实业问题……没有注意身边琐事，细嚼人生滋味的余暇与余力，即没有做孩子的资格。孩子们呢，也大都被唱党歌，读遗嘱，讲演，竞赛，考试，分数……等弄得像机器人一样，失却了孩子原有的真率与趣味。长此以往，中国恐将全是大人而没有孩子，连婴孩也都是世故深通的老人了！在这样"大人化""虚伪化""冷酷化""实利化"的中国内，我的文章恐难得有人注意。而在过去的敌国内，倒反而有我的知己在。这使我对于"国"的界限发生了很大的疑问。我觉得人类不该依疆土而分国，应该依趣味而分国。耶稣孔子释迦是同国人。李白杜甫莎士比亚拜轮（拜伦）是同国人。希特勒墨索里尼东条英机等是同国人。……而我与吉川谷崎以及其他爱读我的文章的人也可说都是同乡。

"文章千古事，得失寸心知。"上一句我承认，下一句我怀疑。如开头所说，我相信文艺创作是盲进的（实即自然的），不期然而然的，那么还讲什么"得失"呢？要讲得失，我这些谈"没有什么实用的、不深奥的、琐屑的、轻微的事物"的文章，于世何补？更哪里值得翻译和批评？吉川君说我在海派文人中好比"鹤立鸡群"。这一比也比得不错。鸡是可以杀来吃的，营养的，滋补的，功用很大的。而鹤呢，除了看看而外，毫无用处！倘有"煮鹤焚琴"的人，定要派它实用，而想杀它来吃，它就戛然长鸣，冲霄飞去，不知所至了！

（原刊《中学生》1946 年战时半月刊。）

精彩一句：

我不但如谷崎君所说的"喜欢孩子"，并且自己本身是个孩子——今年四十九岁的孩子。因为是孩子，所以爱写"没有什么实用的、不深奥的、琐屑的、轻微的事物"，所以"对万物有丰富的爱"，所以"真率"。

连祥品鉴：

夏丏尊是丰子恺在浙江第一师范学校时的国文老师，日后又是白马湖春晖中学、上海立达学院、开明书店的同事。他们是一对亦师亦友的知己。

抗战时期，夏丏尊苦住上海孤岛，丰子恺避难重庆等大后方，两人天各一方，彼此音讯廖廖，思念对方。夏丏尊看到了日本吉川幸次郎翻译的丰子恺《缘缘堂随笔》和谷崎润一郎作的《读〈缘缘堂随笔〉》，如见故人，就把谷崎润一郎论丰子恺随笔的文章译成中文，发表在《中学生》杂志上。

对于译者吉川幸次郎说自己"真率"，"对于万物有丰富的爱"，评论者谷崎润一郎说自己爱写"没有什么实用的、不深奥的、琐屑的、轻微的事物"以及爱孩子，丰子恺表示认同，并把他们当成异国"知己"。丰子恺坦言，自己只是有些孩子气，实际上是一个"二重人格的人"，一方面是实利的成人，另一方面是天真的孩子。自己的文章，正是"二重人格的苦闷的象征"。

谈自己的画

　　去秋语堂先生来信，嘱我写一篇《谈漫画》。我答允他定写，然而只管不写。为什么答允写呢？因为我是老描"漫画"的人，约十年前曾经自称我的画集为"子恺漫画"，在开明书店出版。近年来又不断地把"漫画"在各杂志和报纸上发表，惹起几位读者的评议。还有几位出版家，惯把"子恺漫画"四个字在广告中连写起来，把我的名字用作一种画的形容词；有时还把我夹在两个别的形容词中间，写作"色彩子恺新年漫画"（见开明书店本年一月号《中学生》广告）。这样，我和"漫画"的关系就好像很深。近年我被各杂志催稿，随便什么都谈，而独于这关系好像很深的"漫画"不谈，自己觉得没理由，而且也不愿意，所以我就答允他一定写稿。为什么又只管不写呢？因为我对于"漫画"这个名词的定义，实在没有弄清楚：说它是讽刺的画，不尽然；说它是速写画，又不尽然；说它是黑和白的画，有色彩的也未始不可称为"漫画"；说它是小幅的画，小幅的不一定都是"漫画"。……原来我的画称为漫画，不是我自己作主的，十年前我初描这种画的时候，《文学周报》编辑部的朋友们说要拿我的"漫画"去在该报发表。从此我才知我的画可以称为"漫画"，画集出版时我就遵用这名称，定名为"子恺漫画"。这好比我的先生（从前浙江第一师范的国文教师单不厂先生，现在已经逝世了。）根据了我的单名"仁"而给我取号为"子恺"，我就一直遵用到今。我的朋友们或者也是有所根据而称我的画为"漫画"的，我就信受奉行了。但究竟我的画为什么称为"漫画"？可否称为"漫画"？自己一向不曾确知。自己的画的性状还不知道，怎么能够普遍地谈论一般的漫画呢？所以我答允了写稿之后，踌躇满胸，只管不写。

最近语堂先生又来信，要我履行前约，说不妨谈我自己的画。这好比大考时先生体恤学生抱佛脚之苦，特把题目范围缩小。现在我不可不缴卷了，就带着眼病写这篇稿子。

把日常生活的感兴用"漫画"描写出来——换言之，把日常所见的可惊可喜可悲可哂之相，就用写字的毛笔草草地图写出来——听人拿去印刷了给大家看，这事在我约有了十年的历史，仿佛是一种习惯了。中国人崇尚"不求人知"，西洋人也有"What's in your heart let no one know"的话。我正同他们相反，专门画给人家看，自己却从未仔细回顾已发表的自己的画。偶然在别人处看到自己的画册，或者在报纸、杂志中翻到自己的插画，也好比在路旁的商店的样子窗中的大镜子里照见自己的面影，往往一瞥就走，不愿意细看。这是什么心理？很难自知。勉强平心静气观察自己，大概是为了太稔熟，太关切，表面上反而变成疏远了的原故。中国人见了朋友或相识者都打招呼，表示互相亲爱；但见了自己的妻子，反而板起脸不搭白，表示疏远的样子。我的不欢喜仔细回顾自己的画，大约也是出于这种奇妙的心理的吧？

但现在要我写这个题目，我非仔细回顾自己的画不可了。我找集从前出版的《子恺漫画》《子恺画集》等书来从头翻阅，又把近年来在各杂志和报纸上发表的画的副稿来逐幅细看，想看出自己的画的性状来，作为本文的材料。结果大失所望。我全然没有看到关于画的事，只是因了这一次的检阅，而把自己过去十年间的生活与心情切实地回味了一遍，心中起了一种不可名状的感慨，竟把画的一事完全忘却了。

因此我终于不能谈自己的画。一定要谈，我只能在这里谈谈自己的生活和心情的一面，拿来代替谈自己的画吧。

约十年前，我家住在上海。住的地方迁了好几处，但总无非是一楼一底的

"弄堂房子"，至多添一间过街楼。现在回想起来，上海这地方真是十分奇妙：看似那么忙乱的，住在那里却非常安闲，家庭这小天地可与忙乱的环境判然地隔离，而安闲地独立。我们住在乡间，邻人总是熟识的，有的比亲戚更亲切；白天门总是开着的，不断地有人进进出出；有了些事总是大家传说的，风俗习惯总是大家共通的。住在上海完全不然。邻人大都不相识，门整日严扃着，别家死了人与你全不相干。故住在乡间看似安闲，其实非常忙乱；反之，住在上海看似忙乱，其实非常安闲。关了前门，锁了后门，便成一个自由独立的小天地。在这里面由你选取甚样风俗习惯的生活：宁波人尽管度宁波式的生活，广东人尽管度广东式的生活。我们是浙江石门湾人，住在上海也只管说石门湾的土白，吃石门湾式的饭菜，度石门湾式的生活；却与石门湾相去数百里。现在回想，这真是一种奇妙的生活！

除了出门以外，在家里所见的只是这个石门湾式的小天地。有时开出后门去换掉些头发；有时从过街楼上挂下一只篮去买两只粽子；有时从洋台眺望屋瓦间浮出来的纸鸢，知道春已来到上海。但在我们这个小天地中，看不出春的来到。有时几乎天天同样，辨不出今日和昨日。有时连日没有一个客人上门，我妻每天的公事，就是傍晚时光抱了瞻瞻，携了阿宝，到弄堂门口去等我回家。两岁的瞻瞻坐在他母亲的臂上，口里唱着"爸爸还不来！爸爸还不来！"六岁的阿宝拉住了他娘的衣裾，在下面同他和唱。瞻瞻在马路上扰攘往来的人群中认到了带着一叠书和一包食物回家的我，突然欢呼舞蹈起来，几乎使他母亲的手臂撑不住。阿宝陪着他在下面跳舞，也几乎撕破了他母亲衣裾。他们的母亲笑着喝骂他们。当这时候，我觉得自己立刻化身为二人。其一人做了他们的父亲或丈夫，体验着小别重逢时的家庭团圞之乐；另一个人呢，远远地站了出来，从旁观察这一幕悲欢离合的活剧，看到一种可喜又可悲的世间相。

他们这样地欢迎我进去的，是上述的几与世间绝缘的小天地。这里是孩子们的天下。主宰这天下的，有三个角色，除了瞻瞻和阿宝之外，还有一个是四岁的软软，仿佛罗马的三头政治。日本人有 tototenka（父天下）、kakatenka（母天下）之名，我当时曾模仿他们，戏称我们这家庭为 tsetsetenka（瞻瞻天下）。因为瞻瞻在这三人之中势力最盛，好比罗马三头政治中的领胄。我呢，名义上是他们的父亲，实际上是他们的臣仆；而我自己却以为是站在他们这政治舞台下面的观剧者。丧失了美丽的童年时代，送尽了蓬勃的青年时代，而初入黯淡的中年时代的我，在这群真率的儿童生活中梦见了自己过去的幸福，觅得了自己已失的童心。我企慕他们的生活天真，艳羡他们的世界广大。觉得孩子们都有大丈夫气，大人比起他们来，个个都虚伪卑怯；又觉得人世间各种伟大的事业，不是那种虚伪卑怯的大人们所能致，都是具有孩子们似的大丈夫气的人所建设的。

我翻到自己的画册，便把当时的情景历历地回忆起来。例如：他们跟了母亲到故乡的亲戚家去看结婚，回到上海的家里时也就结起婚来。他们派瞻瞻做新官人。亲戚家的新官人曾经来向我借一顶铜盆帽。（当时我乡结婚的男子，必须戴一顶铜盆帽，穿长衫马褂，好像是代替清朝时代的红缨帽子、外套的。我在上海日常戴用的呢帽，常常被故乡的乡亲借去当作结婚的大礼帽用。）瞻瞻这两岁的小新官人也借我的铜盆帽去戴上了。他们派软软做新娘子。亲戚家的新娘子用红帕子把头蒙住，他们也拿母亲的红包袱把软软的头蒙住了。一个戴着铜盆帽好像苍蝇戴豆壳；一个蒙住红包袱好像猢狲扮把戏，但两人都认真得很，面孔板板的，跨步缓缓的，活像那亲戚家的结婚式中的人物。宝姐姐说"我做媒人"，拉住了这一对小夫妇而教他们参天拜地，拜好了又送他们到用凳子搭成的洞房里。

我家没有一个好凳，不是断了脚的，就是擦了漆的。它们当凳子给我们坐的时候少，当游戏工具给孩子们用的时候多。在孩子们，这种工具的用处真真广大：请酒时可以当桌子用，搭棚棚时可以当墙壁用，做客人时可以当船用，开火车时可以当车站用。他们的身体比凳子高得有限，看他们搬来搬去非常吃力。有时汗流满面，有时被压在凳子底下。但他们好像为生活而拼命奋斗的劳动者，决不辞劳。汗流满面时可用一双泥污的小手来揩摸，被压在凳子底下时只要哭脱几声，就带着眼泪去工作了。他们真可说是"快活的劳动者"。哭的一事，在孩子们有特殊的效用。大人们惯说"哭有什么用？"原是为了他们的世界狭窄的原故。在孩子们的广大世界里，哭真有意想不到的效力。譬如跌痛了，只要尽情一哭，比服凡拉蒙灵得多，能把痛完全忘却，依旧遨游于游戏的世界中。又如泥人跌破了，也只要放声一哭，就可把泥人完全忘却，而热衷于别的玩具。又如花生米吃得不够，也只要号哭一下，便好像已经吃饱，可以起劲地去干别的工作了。总之，他们干无论什么事都认真而专心，把身心全部的力量拿出来干。哭的时候用全力去哭，笑的时候用全力去笑，一切游戏都用全力去干。干一件事的时候，把除这以外的一切别的事统统忘却。一旦拿了笔写字，便把注意力全部集中在纸上。纸放在桌上的水痕里也不管，衣袖带翻了墨水瓶也不管，衣裳角拖在火钵里燃烧了也不管。一旦知道同伴们有了有趣的游戏，冬晨睡在床里的会立刻从被窝钻出，穿了寝衣来参加，正在换衣服的会赤了膊来参加；正在洗浴的也会立刻离开浴盆，用湿淋淋的赤身去参加。被参加的团体中的人们对于这浪漫的参加者也恬不为怪，因为他们大家把全精神沉浸在游戏的兴味中，大家入了"忘我"的三昧境，更无余暇顾到实际生活上的事及世间的习惯了。

成人的世界，因为受实际的生活和世间的习惯的限制，所以非常狭小苦闷。孩子们的世界不受这种限制，因此非常广大自由。年纪愈小，其所见的世界愈大。我家的三头政治团中瞻瞻势力最大，便是为了他年纪最小，所处的世界最广大自由的原故。他见了天上的月亮，会认真地要求父母给他捉下来；见了已死的小鸟，会认真地喊它活转来；两把芭蕉扇可以认真地变成他的脚踏车；一只藤椅子（在漫画中是一辆藤童车）可以认真地变成他的黄包车；戴了铜盆帽会立刻认真地变成新官人；穿了爸爸的衣服会立刻认真地变成爸爸。照他的热诚的欲望，屋里所有的东西应该都放在地上，任他玩弄；所有的小贩应该一天到晚集中在我家的门口，由他随时去买来吃弄；房子的屋顶应该统统除去，可以使他在家里随时望见月亮、鸽子和飞机；眠床里应该有泥土，种花草，养着蝴蝶与青蛙，可以让他一醒觉就在野外游戏。看他那热诚的态度，以为这种要求绝非梦想或奢望，应该是人力所能办到的。他以为人的一切欲望应该都是可能的。所以不能达到目的的时候，便那样愤慨地号哭。拿破仑的字典里没有"难"字，我家当时的瞻瞻的词典里没有"不可能"之一词。

我企慕这种孩子们的生活的天真，艳羡这种孩子们的世界的广大。或者有人笑我故意向未练的孩子们的空想界中找求荒唐的乌托邦，以为逃避现实之所；但我也可笑他们的屈服于现实，忘却人类的本性。我想，假如人类没有这种孩子们的空想的欲望，世间一定不会有建筑、交通、医药、机械等种种抵抗自然的建设，恐怕人类到今日还在茹毛饮血呢。所以我当时的心，被儿童所占据了。我时时在儿童生活中获得感兴。玩味这种感兴，描写这种感兴，成了当时我的生活的习惯。

欢喜读与人生根本问题有关的书，欢喜谈与人生根本问题有关的话，可说是我的一种习性。我从小不欢喜科学而欢喜文艺。为的是我所见的科学书，所谈的大都是科学的枝末问题，离人生根本很远；而我所见的文艺书，即使最普通的《唐诗三百首》《白香词谱》等，也处处含有接触人生根本而耐人回味的字句。例如我读了"想得故园今夜月，几人相忆在江楼"，便会设身处地做了思念故园的人，或江楼相忆者之一人，而无端地兴起离愁。又如读了"流光容易把人抛，红了樱桃，绿了芭蕉"，便会想起过去的许多的春花秋月，而无端地兴起惆怅。我看见世间的大人都为生活的琐屑事件所迷着，都忘记人生的根本；只有孩子们保住天真，独具慧眼，其言行多足供我欣赏者。八指头陀诗云："吾爱童子身，莲花不染尘。骂之唯解笑，打亦不生嗔。对境心常定，逢人语自新。可慨年既长，物欲蔽天真。"我当时曾把这首诗托人用细字刻在香烟嘴的边上。

这只香烟嘴一直跟随我，直到四五年前，有一天不见了。以后我不再刻这诗在什么地方。四五年来，我的家里同国里一样的多难：母亲病了很久，后来死了；自己也病了很久，后来没有死。这四五年间，我心中不觉得有什么东西占据着，在我的精神生活上好比一册书里的几页空白。现在，空白页已经翻厌，似乎想翻出些下文来才好。我仔细向自己的心头探索，觉得只有许多乱杂的东西忽隐忽现，却并没有一物强固地占据着。我想把这几页空白当作被开的几个大"天窗"，使下文仍旧继续前文，然而很难能。因为昔日的我家的儿童，已在这数年间不知不觉地变成了少年少女，行将变为大人。他们已不能像昔日的占据我的心了。我原非一定要拿自己的子女来作为儿童生活赞美的对象，但是他们由天真烂漫的儿童渐渐变成拘谨驯服的少年少女，在我眼前实证地显示了人生黄金时代的幻灭，我也无心再来赞美那昙花似的儿童世界了。

古人诗云："去日儿童皆长大，昔年亲友半凋零。"这两句确切地写出了中年人的心境的虚空与寂寥。前天我翻阅自己的画册时，陈宝（就是阿宝，就是做媒人的宝姐姐）、宁馨（就是做娘子的软软）、华瞻（就是做新官人的瞻瞻）都从学校放寒假回家，站在我身边同看。看到"瞻瞻新官人，软软新娘子，宝姐姐做媒人"的一幅，大家不自然起来。宁馨和华瞻脸上现出忸怩的笑，宝姐姐也表示决不肯再做媒人了。他们好比已经换了另一班人，不复是昔日的阿宝、软软和瞻瞻了。昔日我在上海的小家庭中所观察欣赏而描写的那群天真烂漫的孩子，现在早已不在人间了！他们现在都已疏远家庭，做了学校的学生。他们的生活都受着校规的约束，社会制度的限制，和世智的拘束；他们的世界不复像昔日那样广大自由；他们早已不做房子没有屋顶和眠床里种花草的梦了。他们已不复是"快活的劳动者"，正在为分数而劳动，为名誉而劳动，为知识而劳动，为生活而劳动了。

我的心早已失了占据者。我带了这虚空而寂寥的心，彷徨在十字街头，观看他们所转入的社会，我想象这里面的人，个个是从那天真烂漫、广大自由的儿童世界里转出来的。但这里没有"花生米不满足"的人，却有许多面包不满足的人。这里没有"快活的劳动者"，只见锁着眉头的引车者，无食无衣的耕织者，挑着重担的颁白者，挂着白须的行乞者。这里面没有像孩子世界里所闻的号啕的哭声，只有细弱的呻吟，吞声的呜咽，幽默的冷笑，和愤慨的沉默。这里面没有像孩子世界中所见的不屈不挠的大丈夫气，却充满了顺从、屈服、消沉、悲哀，和诈伪、险恶、卑怯的状态。我看到这种状态，又同昔日带了一叠书和一包食物回家，而在弄堂门口看见我妻提携了瞻瞻和阿宝等候着那时一样，自己立刻化身为二人。其一人做了这社会里的一分子，体验着现实生活的辛味；另一人远远地站出来，从旁观察这些状态，看到了可惊可喜可悲可哂的种种世间相。然而这情形和昔日不同：昔日的儿童生活相能"占据"我的心，能使我归顺它们；现在的世间相却只是常来"袭击"我这空虚寂寥的心，而不能占据，不能使我归顺。因此我的生活的册子中，至今还是继续着空白的页，不知道下文是什么。也许空白到底，亦未可知啊。

为了代替谈自己的画，我已把自己十年来的生活和心情的一面在这里谈过了。但这文章的题目不妨写作"谈自己的画"。因为：一则我的画与我的生活相关联，要谈画必须谈生活，谈生活就是谈画。二则我的画既不摹拟什么八大山人、七大山人的笔法，也不根据什么立体派、平面派的理论，只是像记账般地用写字的笔来记录平日的感兴而已。因此关于画的本身，没有什么话可谈；要谈也只能谈谈作画时的因缘罢了。

（原刊《人间世》1935 年 2 月 20 日和 3 月 5 日第 22、23 期。）

精彩一句：

因此我终于不能谈自己的画。一定要谈，我只能在这里谈谈自己的生活和心情的一面，拿来代替谈自己的画吧。

李梅品鉴：

丰子恺先生永远都是如此的率性和真实。

作为一代漫画大师，对于自己的画作，他是随性而为的；对于他人的赞誉，他是恭让的。他是一位始终如一地谦逊而平静地生活着的人，正如他自己所言：把日常生活的感兴用"漫画"描写出来——换言之，把日常所见的可惊可喜可悲可哂之相，就用写字的毛笔草草地图写出来——听人拿去印刷了给大家看，这事在我约有了十年的历史，仿佛是一种习惯了。

生活于他，是丰富的，他于生活，是投入的。有了投入和热爱，才有了或喜或悲的感兴和情趣。所以，谈生活亦即是在谈画，谈画则不得不谈生活。在丰子恺先生谈生活的字里行间，我们触到了他变动的心境和隐约显现的忧虑。正如他所言称的那样，丧失了美丽童年的时代，送尽了蓬勃的青年时代，而初入暗淡的中年时代的"我"企慕孩子的生活天真，艳羡孩子世界的广大。

他对成人世界虚伪卑怯的不满和排斥，为孩童的大丈夫气质所吸引，也为失去的童趣而悲叹。孩子天真无邪，便能独具慧眼，其言其形则以欣赏者的视角观感周围的世界，这是大人们多么缺失的心境和生活态度呀。

平凡

艺术贵乎善巧，而善重于巧，故求丰富之内容，而不求艰深之技巧。故曰平凡。

平凡非浅薄，乃深入而浅出，凡人之心必有所同然。故取其同然者为内容，而作艺术的表现，则可使万人共感，因其客观性既广而感动力又大也，至于表现之形式，则但求能传情达意，不以长大复杂富丽为工。故曰平凡的伟大。

吾国绝诗，言简意繁，辞约义富，可谓平凡伟大艺术品之适例。"床前明月光，疑是地上霜。举头望明月，低头思故乡。""木末芙蓉花，山中发红萼。涧户寂无人，纷纷开且落。"所咏皆极寻常之事，而含意无穷，耐人思索。至如"春种一粒粟，秋收万颗子。四海无闲田，农夫犹饿死。""长安买花者，数枝千万钱。道旁有饥人，一钱不相捐。"则形式浑似白话，内容普遍动人，乃托尔斯泰所谓最高之艺术。

绘画、音乐与文学，在人间经过数千年之发展，其技术已入专门之域。故学画学琴，三年仅得小成，学文学诗，则十年窗下未必成功。今学校以每周一二小时之教学，而求各种艺术之技法，犹操豚蹄盂酒而求穰穰满家，所持者狭而所欲者奢，必无所得。今日艺术教学之沉疴，即在于此。故为教育，非择取平凡之艺术不为功。教育的艺术，不求曲高和寡，而求深入浅出。

托尔斯泰论艺术，推崇单纯明快与寻常；而反对高深之技巧，指为催眠，斥为害群。杜塞聪明而返原始生活，统制智慧，以求精神共产，其旨殊欠中肯。但为教育，其说亦有可取。盖托翁笃信基督，其论艺术力斥淫荡与浪费，而以爱为本，以善为归。从事艺术教育者，皆有一读其书之必要。

（1939年作者在广西宜山浙江大学所编的"艺术教育"油印讲义。）

精彩一句：

艺术贵乎善巧，而善重于巧，故求丰富之内容，而不求艰深之技巧。故曰平凡。

李梅品鉴：

艺术贵善，巧次之，艺术与善相联，乃关涉情意。丰子恺先生将"善"作为品评艺术的最高准则和要求，因"善"故求其内容之丰富，而不求艰深之技巧也，可曰平凡。

平凡非浅薄，乃深入而浅出也，感人心之所同然，取其为表现的内容，借以艺术的传达，则可使众人同感，可曰平凡的伟大。简练的表达，率真的情趣，可不正是丰子恺先生为文为人的品性传达。他举古典诗词为例，称其"言简意繁，辞约义富"，可谓平凡伟大艺术品也。皎洁的明月唤起了游子无限的思乡之情，山中的芙蓉，虽幽深孤寂，却独自芬芳，可谓寻常的意象，平实的表达，却浸透着浓郁的情感，读之耐人寻味。

先生论及艺术教育，力倡不求曲高和寡，而求深入浅出。教育为人人，人人为教育，教育乃育人之本，艺术教育更是关涉人情、人性之本的教育根基。好的人生亦是好的教育之依，好的艺术更是好的人生之自然表露。

艺术中所推崇的单纯明快、返归自然、统摄智慧，以爱为本，以善为归，可视为艺术的，亦是为人生的，二者都指向率真之趣的传达。